U0160786

LE TOUR DE
FRANCE
GOURMAND

LE TOUR DE

法国美食之旅

GOURMAND

[法] 吉尔·普德劳斯基
莫里斯·胡治蒙 著

刘 靖 译

中国友谊出版公司

图书在版编目（CIP）数据

法国美食之旅 /（法）吉尔·普德劳斯基，（法）莫里斯·胡治蒙著；刘靖译. -- 北京：中国友谊出版公司，2020.7
ISBN 978-7-5057-4935-1

Ⅰ. ①法… Ⅱ. ①吉… ②莫… ③刘… Ⅲ. ①饮食－文化－法国 Ⅳ. ①TS971.205.65

中国版本图书馆CIP数据核字(2020)第106846号

著作权合同登记号 图字：01-2020-4398

Simplified Edition arranged through DAKAI-L' AGENCE

书名 法国美食之旅
作者 [法]吉尔·普德劳斯基 莫里斯·胡治蒙
译者 刘靖
出版 中国友谊出版公司
发行 中国友谊出版公司
经销 新华书店
印刷 北京中科印刷有限公司
规格 710×1000毫米 16开
20印张 300千字
版次 2020年9月第1版
印次 2020年9月第1次印刷
书号 ISBN 978-7-5057-4935-1
定价 98.00元
地址 北京市朝阳区西坝河南里17号楼
邮编 100028
电话 （010）64678009

如发现印装质量问题，可联系调换
电话 （010）59799930-601

目 录 | CONTENTS

前 言 | Preface

法国真是了不起！

谁说法国是停滞不前的？这个“古老而富裕的国家”从不曾老去：它在一点点地变好。法国不同的大区各有特色，它们之间相得益彰，和谐共存，相辅相成，自豪地展示着各自的美食珍品。在21世纪初，这种情况真的是好得不能再好了。

如果要让我们总结一下舌尖上的法国，用几个词概括一下其食品的高质量，理解它名副其实的巨大潜力——至少是在餐饮方面——这方面已经被列入联合国教科文组织世界遗产名录，我们会用这样几个词：慷慨、坦诚、分享、传统的荣誉，并又总是怀着深深的担忧。

本书将带领你们完成一圈完美的环法之旅，顺时针方向沿着法国的轮廓，从北到东，再到南部、西部，最后回到巴黎，途经全法美食聚集之所。

我们来谈谈将要提到的这些大区吧！由于本书编写计划早在2014年的行政区划改革之前就已经确定了，所以本书中对大区的划分与现行的行政区划并不完全一致。本书中，我们加入皮卡第和北部－加来海峡，这在我们看来是合乎逻辑的；将整个加斯科涅地区整合在了一起，包括南部－比利牛斯地区的朗德省和热尔省的一部分；将旺代地区从卢瓦尔河地区分离出来，与夏朗德－普瓦图大区并在了一起，因为它的美食精神和美食产品更为接近；另外，我们还新创了一个卢瓦尔河谷地区，包括法国中部地区和部分不太好定义的卢瓦尔河地区。

本书见证了各个物产丰富的大区：富裕却不为人知的洛林大区、富饶的阿尔萨斯大区、富饶而本地化的萨瓦大区——其中罗纳－阿尔卑斯大区是被分开来说的——热情而慷慨的里昂地区，以及普罗旺斯－蓝色海岸，我们的邻居英国人尤为喜爱有着当地特色的明信片。大南部地区的美味，可以说是朗格多克－鲁西永人区的，也可以说是囊括了梅多克酒庄、格拉芙酒庄、利布尔纳酒庄的优雅的阿基坦大区和更为南面的巴斯克地区，或者莎斯洛朗德地区的，这些地方都给人们带来了丰富的物产。奥弗涅大区和利穆赞大区亦是如此，那里有丰富的农家奶酪、健康的家禽、优质的鱼、香甜的利口酒、美味的内脏及其他传统肉食。

在本书中，我们进行了生态生物学上的研究，盘点了法国的美食财富。和莫里斯·胡治蒙一起，我们穿梭在各个酒窖、商店、小酒馆和工作坊之间。他是这本书的眼睛、艺术般的技术家、光线之王、明暗变幻的大师。他熟谙将昙花一现的精美转变成永恒的瞬间艺术，在他手中，抓拍到了为我们一遍遍讲解的手工艺人们庄严的神情。

随着莫里斯，南希佛手柑的种植者变成了金匠或者炼金术士，而制作特鲁瓦猪肉肠的“魔术师”和圣梅涅的猪脚专家都变成了为熟猪肉“修剪”的裁缝。所有人，蒸馏师、利口酒酿造师、畜牧者、啤酒酿造师、葡萄种植者、奶酪制造商，在这位乔治·德·拉·图尔的眼中，仿佛都能看到经过他们的手制作出来的诱人美味。

你们将会发现：我们不是把这本书当成一段逃学后的漫游、一段曲折又美味的旅程，而是带着盘点的责任书写的。我们——莫里斯和我，从1978年的《新文学》开始合作，已经一起工作了三十五年以上——竭尽所能收集、盘点、展示，并写下了全部的东西。你们可能会说这是不可能的事情，但你们并没有说错。这本书是经过三十年来共同努力完成的，而书中提及的美食作家、美食制作家，当然还有酒吧、好的客栈和大厨们，却并不是全部。它照亮了一些美食财富，引用了一些作家的句子，发掘了不少美味，当然也会有所遗漏。

然而，这本书就像一笔一次性的财富。正如这篇序言一开始提到的，我们的国家多姿多彩、物产富饶，而我们对于它的热爱让我们愿意为下一代的美食教育略尽绵力，也愿意帮助大家找回一些童年的味道。巴勒迪克的黑醋栗、阿洛的蜂蜜糖，还有佩吕伊的黑牛轧糖都是濒危的杰作。如果这本书能帮助它们不从人们的眼前消失，那我们也算做了一项有益的工作。

最后祝大家吃好喝好，旅途愉快！

01

北部－加来海峡－皮卡第

好客的北方人欢迎你来品尝美食！

法国北部省的居民比人们想象中更富热情。废石堆、矿工区、矿山、地下矿工，这些都已然成了古老的历史。北海和英吉利海峡（法国称拉芒什海峡）赋予了它青葱的绿意，白鼻海角和灰鼻海角为它增添了绿松石般的蓝，绵延的海岸又蒙上了一层乳白的色调（白色的垩土岩石），恰如其名（此海岸被称为绿意白鼻）。

◎ 左图：无论是新鲜的、熏制的、风干的抑或腌制的，10 月中旬到 12 月中旬从欧洲北部捕捞的鲱鱼，都是人们争相追捧的美味。在滨海布洛涅的大卫公司，鲱鱼从捕捞上来便被置于盐水浸渍的桶里。在这里，工人们会向装满鱼的桶里加入几大铲子的盐。

致美食家们

乳白海岸！这里有不少享有美誉的大厨，滨海蒙特勒伊市的克里斯蒂昂·日耳曼（Christian Germain），以及滨海布洛涅市的托尼·雷斯蒂安（Tony Lestienne），都是鲱鱼的烹饪大师，无论它是新鲜的、熏制的还是腌制的。更有独具特色的当地食材，比如鲭鱼、鱿鱼、鳕鱼、鳎鱼等鱼类，以及土豆、甜菜、禽类（尤以利克的最出名，它是法国北部加来省的一个市镇）。弗兰德、阿图瓦、皮卡第、布洛涅这些区域的烹饪特色相互吸收，相互融合，逐渐汇为一体。

每逢旧货集市，人们都会摆出埃塔普勒的鲱鱼、里尔配薯条的贻贝来庆祝，圣诞节前人们还有烹饪利克火鸡的习惯。而一整年中，人们都少不了来这里品尝康布雷"笨蛋糖"（Bêtise）。笨蛋糖这个名字来自一个美妙的失误。原来，康布雷镇上一个甜点店的学徒，在做薄荷糖时，不小心放入了太多薄荷，而这种阴差阳错做出来的薄荷糖却非常美味，随后被两家大甜品店——阿弗什（Afchain）和德斯皮诺伊（Despinoy）传承并发扬至今。这个地区还有不少其他的美食也深受欢迎，亚眠托尼奥（Trogneux）家的微型马卡龙、贝尔格和乌普利讷的华夫饼、乌勒和瓦布勒希的杜松子酒、阿拉斯和康布雷的小香肠、索姆的鸭肉糜，以及整个皮卡第地区都非常流行的韭葱薄饼和火腿蘑菇卷饼（火腿、马卢瓦耶干酪、奶油调味酱）。

亚眠漂浮花园里的蔬菜和水芹，广阔的原野及

◎ 右图：a. 蒂博糕点的心形香料糕夹心饼（内有阿拉斯之心奶酪：一种心形类马鲁瓦耶的奶酪）；b. 里尔"牡蛎"鱼市场的每日菱鱼；c. 博舍普市（Boeschèpe）德威尔博（De Vierpot）家的杂肉冻面包片、猪肉和啤酒；d. 阿拉斯市同一家肉店的小猪肉肠；e. 优质农场旅馆（Bon Fermier）的利克禽类配奶油、螯虾和威士忌；f. 康布雷的笨蛋糖；g. 戈德瓦尔斯费尔德市（Godewaersvelde）布洛维霄酒馆（Blauwershof）的薯条；h. 乳白海岸沙滩上的小更衣室；i. 瓦朗谢纳市让－米歇尔·比鲁瓦和他著名的卢库鲁斯－牛舌千层酥和鹅肝慕斯。

a
b
c
Andouillette
d
e
f
g
h
LUCULLUS DE VALENCIENNES
i

生长在此的糖用甜菜，品质优良的苦苣、花菜、葱和奥杜马路瓦（圣奥梅尔所在区）的芹菜，都是这个地区富足的象征。不得不提的还有各种各样的啤酒：金兰、欢乐、施迪（当地方言意为“北方人”）、三山啤酒、魔鬼、美玉、里尔白啤、穗式啤酒、安格鲁斯、弗兰德斯棕啤、长裤汉、圣兰德，它们都是采用上层发酵工艺制作而成的。

此外，北方人对吃的喜欢程度绝不亚于喝。他们从未忘记维克多·雨果在《历代传说》中的那句格言：“一个好弗兰德人，一定要吃。”即便是甜食也绝不放过。他们的甜面包叫作葡萄干奶油面包（Cramique），饼干叫作小圆饼面包（Craquelin），贝雷帽面包可以与韭葱薄饼相媲美，法式大圆面包叫小长条面包。还有圣诞贝壳面包，无论是甜味的还是葡萄味的，都和濯足节（复活节前的星期四）的小圆饼面包一样，可谓脍炙人口。然而，甜味塔和梗米塔，或者用粗红糖和香草制成的里尔华夫饼，才能给美食家带来最满足的体验。

列举这些令人垂涎的美食是想说，在人们印象中阴沉而多雨，并未受重视的北部省，事实上是法国拥有最多美味和最多欢声笑语的大区之一，有时候也是阳光最为明媚的大区之一。在滨海布洛涅港，从早上四点开始，人们就会去一家名叫莎帝隆（Châtillon）的小酒馆里小坐，一边等待着当天新捕获的鱼靠岸，一边吃着新鲜的鲱鱼、白葡萄酒搭配的鲭鱼或喝着鱼鲜汤煲（marmite du pêcheur），以及贝尔克鲜贝鱼汤和周打鱼汤，这是马赛鱼汤北方做法的版本。

如果来到卡潘盖姆市（Capinghem），你一定会去皮埃尔·库科（Pierre Coucke）的餐馆——皮耶罗家，这里宛若对旧时光的雕刻，历久弥新。在这里，客人们都是满面笑容的常客，老板皮埃尔是他们的老伙计，服务员也很享受这里的工作。这里最受欢迎的菜肴有去骨或带骨的猪脚、香煎小牛胸腺、猪肉香肠吐司、法式传统砂锅、番茄酿虾、小猪肉肠。皮耶罗家，他们夸耀自己的菜单就像神父在做弥撒，猪头肉冻、脑髓、焦烤洋葱、红甜菜、弗兰德式芦笋、马鲁瓦耶吐司（一种重味儿奶酪）、蘑菇生蚝吐司，这些与其说是菜肴，不如说是信仰。如果把这里的钟塔比作城堡的主塔，大片空旷的场地是剧院，那么北部省高雅的餐桌便是精致的珠宝匣子，而这里的大厨则是艺术家。我们首先会想到普瓦伊（Proye）家族别致、豪华而富有的牡蛎养殖场，它位于鱼市最漂亮的“装饰艺术”（Art déco）的后面，也就是在里尔老城区中心的夏－博素街上。紧接着，我们会想到马克·莫汉（Marc

薯条，餐桌上的女王

北方人（指法国北部省的居民）有句俗语：“没有了薯条，也就没有了天堂。”你们知道吗？在北部－加来海峡－皮卡第地区有10万公顷的土地是用来种植土豆的，可称得上土豆王国。大受欢迎的土豆品种有BF15、宾什土豆（一种肉质较粉的土豆），还有更为精致的土豆，如图凯小土豆、格纳伊小土豆（当年或当季出的新土豆）、夏洛特土豆、蒙娜丽莎土豆（一种荷兰土豆）、蓬巴杜土豆（皮卡第地区特色土豆）。乔尔·侯布匈（Joël Robuchon）就是靠这些土豆在巴黎及外省出名的。无论从哪个方面来说，土豆都是北部地区最典型的蔬菜。当然，这里的人们最喜欢的还是小摊儿上卖的土豆做成的薯条。

Meurin），他独自练习做鳗鱼、西芹、甜菜和大葱，已达到炉火纯青的地步，而后成了他那个大区几大餐厅的主厨，这几家餐厅有比讷市（Busnes）的博略城堡餐馆（Château de Beaulieu）、里尔市的让先生家餐馆（chez Monsieur Jean）和朗斯市的卢浮宫餐馆（Louvre）。最后，我们可以像在集市上一样，尽情享用水果糖、絮状棉花糖和棉花软糖。

不能错过的小咖啡馆

在谈及北部省的美食家时，我们不能不提到其神话般广为人知的品质和深厚的友善。他们无时无刻不在庆祝节日，像敦刻尔克狂欢节期间，他们会随意系上领带，到市区去邂逅那些让他们垂涎已久的美味之所：传统的餐厅或者精心装饰过的小酒馆，这些地方都能让他们解开衣领扣脱下外套。这些地方都让人感到无比亲切。北部省的小咖啡馆，就好比伦敦的英式酒吧、巴黎的法式酒吧、斯特拉斯堡的特色酒馆，或者里昂的特色小饭馆：这些美食之所都传承着这个大区的精神，使得里尔及其周围城市的面貌为之一新。

这些咖啡馆有安特卫普大胡子(Barbue d' Anvers)、伽耶特、T. 里塞尔、昨日苍老、博舍普市的德威尔博，还有卡塞勒（Cassel）山上的 T. 卡斯蒂霍夫（T Kasteelhof），以及小有名气的德瓦尔斯费尔德市(Godewaersvelde)的布洛维霄酒馆(Blauwershof)。这些名字听起来陌生吗？（最后一个名字的意思是上帝保佑我们的土地）要知道这些名字都来源于弗兰德方言。人们来此并不只为品尝薯条、小罐杂肉冻、当地的蔬菜炖牛肉，或者卢库鲁斯（牛舌千层酥和鹅肝慕斯），也会去感受它和蔼亲切的氛围，非常放松地、满怀爱意地用嘴唇轻抿一下饮料。

当然，传统有时候也需要传承和铭记。这个闪闪发光的地区最具标志性的菜肴是什么？自然是小罐杂肉冻。把新鲜的兔肩冻肉、鸡腿、牛肩、牛脚和带皮猪胸肉都放在一个小锅里煮，加入洋葱、胡萝卜、盐、胡椒、醋，随后放到锅里冷却，直到第二天，与薯条和沙拉一起以冷菜呈上，真不愧是大受欢迎的佳肴！

口味浓烈的奶酪国度

在小咖啡馆里用餐，像是一种礼拜仪式，沉浸在它的氛围中，接受着涩口的啤酒、柔和的鲱鱼与浓烈的奶酪融洽地混为一体的味觉洗礼。这几样东西极好地诠释了当地口味极致的多样性。人们对于它们的热爱，就像对于仪式的渴望。他们的大神父就是菲利普和罗曼·奥利维尔父子。最开始在滨海布洛涅市，他们给一家有名的英式餐馆提供奶酪，而在里尔和圣康坦市，他们总是滔滔不绝地讲述着这些奶酪是如何诠释了这个大区的力量与柔和的。

他们的珍宝是什么？卡塞尔圆饼奶酪（一种圆饼形半软牛奶奶酪）、阿拉斯之心奶酪（一种阿拉斯特色的心形奶酪，为庆祝“鼠之节”的特色奶酪，味道与马卢瓦耶奶酪类似，比其略甜）、龙克白垩奶酪（一种味道浓烈而复杂的奶酪）、老布洛涅奶酪（方形软质奶酪，被电子鼻评测为世界上最臭的奶酪）、贝尔格奶酪（一种生奶酪，贝尔格市附近的农场制作）、圣维诺克奶酪（圣维诺克修道院的修道士发明的，金黄色的奶酪壳）、各种各样的圣宝林手工奶酪、鲁贝方砖奶酪（味道类

◎ 上图：北部省的三种奶酪：多菲奶酪、马卢瓦耶奶酪和圣宝林手工制作的“无名”奶酪，口感纯净而丝柔。

◎ 左图：滨海布洛涅市的菲利普和罗曼·奥利维尔父子，在他们自家的奶酪成熟窖中。这两位热衷于奶酪的人对外提供他们家产的300余种奶酪，其中不乏上品。

似于米莫雷特奶酪）、马卢瓦耶奶酪、米莫雷特奶酪（橙色，里尔地区的传统奶酪，最早源自荷兰）、老里尔灰奶酪（又称作“浸臭奶酪”，方砖形，气味浓烈）、沙丘奶酪（一种半球形生奶酪）、罗洛奶酪（马卢瓦耶修道院的修道士首创）、白鼻海角软奶酪（一种北部省沿海地区生产的穹顶形状的软奶酪）。【以上奶酪全部产自北部省】

奥利维尔父子家有300多种奶酪，以牛奶奶酪为主，根据季节也会有山羊奶酪。他们家的米莫雷特奶酪有着特级纯天然奶酪壳，堪称精品。而由敦刻尔克附近一位女奶酪制造主发明，他们父子申请的“无名”品牌的奶酪，可谓是丝柔口感的代表，也是早餐涂在烤面包片上的绝佳之选。

利克的禽类，在法国最不出名的受保护地域标识（IGP）

利克市的禽类产区是法国最小的受保护的地域标识之一，仅覆盖加来海峡的四个区：加来、布洛涅、圣奥梅尔和蒙特雷伊，而这些地区的一部分养殖者组织起来结成了合作社。利克的禽类最早打出名声的是火鸡，它们的祖先是一种生长缓慢的黑色品种火鸡，由利克修道院的普赖蒙特莱修会的会士（该修会于1120年由诺伯特在法国普赖蒙特莱村创立），于17世纪引入这里。即使修道院只有院长的住所，火鸡也会有安身之处，这一传统沿袭至今。现在，合作社每年养殖一百万只家禽，其中有25000只火鸡和35000只阉鸡。

利克鸡的优良品质来自于饲养鸡的大豆和谷物饲料（大麦、玉米、小麦），以及近乎全年的户外饲养。它的肉质紧实而柔嫩，耐蒸煮，用啤酒腌渍最配，最好把腌渍后的啤酒一并留下。它还可以搭配苦苣、土豆，无论怎么烹制，都堪称乡村美味之首选。

熏蒜，被埋没的特色

还有一个一定不能忘记的珍宝：杜埃附近的阿尔勒克斯（Arleux）的薰蒜，这一传统美味可以追溯到中世纪。大蒜于2月种植，8月收获。从土里拔起的蒜头要在田里干燥几日，然后拣拾、清洗，穿在绳子上，悬挂于熏制室里，再经过一周的烟熏干燥——每三天用碎木屑、泥炭、小麦碎片重新生火。大蒜要保存到下一次收割，而烟熏会让它染上橙红色。在贝蒂讷和梅维尔中间的洛孔市，8月中旬会举行“大蒜节”，而在阿尔勒克斯的市集，“大蒜节”则会在9月份的第一个周末隆重举行。在那一天，“大蒜皇后”会赢得与它等量的若干绳珍贵的大蒜。

◎ 朱利安·圣马克桑（Julien Saint-Maxent），利克禽类的养殖者。利克鸡的品质得益于饲养鸡的大豆和谷物饲料（大麦、玉米、小麦），以及近乎全年的户外饲养。每年的 12 月中旬，由利克合作社的饲主们举办的火鸡节，是当地绝对不能错过的节日。

布洛涅鲱鱼

这种鱼每年会季节性地出现在广阔的岸滩上。每年 11 月，布洛涅的水手都会在港口与当地群众一起庆祝“鲱鱼之王”。无论是新鲜的、熏制的、风干的或腌制的，10 月中旬到 12 月中旬从欧洲北部捕捞的鲱鱼，都有着至高无上的地位。人们喜欢的吃法有俾斯麦吃法（是一个鱼商借用俾斯麦的名气而取此名），蘸着偏甜的酸甜酱汁，或者菠萝口味的奶油，和苹果一起放入油中加热，也可以拌芥末酱，和烤面包、奶油、熟肉酱、普罗旺斯酸豆橄榄酱一起生吃。鲱鱼与白葡萄酒、杜松子酒、开胃酒、啤酒都很相配。

在滨海布洛涅，鱼肉的熏制可以追溯到 20 世纪初，经由四步完成：从盐水中取出，从鱼鳃处把鱼穿到木棍上，让盐水滴在枕木上，用明火干燥，随后加入碎木屑、山毛榉或橡木，直接放置在火上，使之散发出一股浓浓的烟熏味。

依然保留熏制手艺的餐馆如今已十分罕见：在北部 – 加来海峡总共只有 15 家，其中滨海布洛涅占 9 家，比如高吕和德赛伊 (Corrue et Deseille)、阿卡卡里 (Acacary)、布尔干 (Bourgain)、威尔 (Wiels)、大卫 (David)、马塞尔・贝伊 (Marcel Baey)，他们都是传统工艺的继承人。

谁才能问鼎本地之王呢？埃尔维・迪尔 (Hervé Diers)。2001 年，他收购了大卫餐馆，并将店面地址选定在原来卡斯顿 & 塞丽餐馆的位置。他更新了里面的设备，却精心保留了已有年月的熏制房以及手工制作的好习惯。令人赞叹的鲜鲱鱼，用碎木屑或者橡木熏制的美味可口的鲱鱼，同样好吃的还有被切成细丝的黑线鳕，以及产自苏格兰湖，经过精细制作的优质鲑鱼，皆堪称佳品。餐馆推荐的还有鱼汤、布洛涅风味的黑线鳕糜、酱汁（白色黄油、荷兰风味酱、酸酱），以及后来推出的金枪鱼和沙丁鱼罐头。

梅尔特家的华夫饼

北方省的华夫饼是椭圆形的，很薄，也很讲究。不同于传统的“市场上的华夫饼”，粗红糖内馅和精巧的制作造就了这一布洛涅美食。梅尔特家，是里尔市艾斯克莫斯街上的一家著名糕点店，经过蒂艾里・郎德龙 (Thierry Landron) 全面翻修，并将华夫饼作为他的特色美食。

有一个小故事：戴高乐将军，作为土生土长的里尔人，曾经来这里买过华夫饼。他品尝过 1849 年被创造出来的香草华夫薄饼。至此以后，在其精心装饰的茶室里的 18 世纪展示框中，便向客人提供了各种口味的华夫饼：菊苣椰果味、紫罗兰黑加仑味、咸黄油焦糖味，甚至糖衣杏仁舒芙蕾味。尽管这些都是为了丰富口味而诞生的新品，但这里的华夫饼依然忠实于里尔传统。这些印有他们商标的华夫饼，一直都是纯手工制作的，里面包着马达加斯加香草奶油，它们或 6 个或 12 个一份，都用锡纸包装，以保证新鲜。

让 – 弗朗索瓦 · 布里刚每天都会根据弗拉芒传统配方和自 1933 年传承至今的原版工艺手工制作华夫饼。

◎ 在乌普利讷，华夫饼制作师让 – 弗朗索瓦·布里刚（Jean–François Brigant），正在他的“弗拉芒国度”店里制作华夫饼。华夫饼很薄，一从机器中取出就立刻填入一种由红糖、朗姆、香草混合的传统口味内馅（戴高乐最喜欢的口味），或者填入味道更为独特的混合馅。它由香料面包、焦糖饼干和紫罗兰混合而成！

◎ 乌勒的杜松子酒：在圣－奥梅尔制造的蒸馏器周围，装有大麦、小麦和杜松子的袋子。在北部省也有其他的杜松子酒，比如瓦布勒希的杜松子酒，在那里他们有自己专属的蒸馏厂和博物馆。有人说这种烈酒是金酒的祖先。在魁北克，这种酒又被称为“大金酒”。

乌勒的杜松子酒

北部省的威士忌？这种传统的利口酒，以谷物为原料，再加入杜松子浆果做香料，近两个世纪以来一直深受北部省人们的喜爱，并被乌勒市的波斯人热心地传承。他们展出了被视若珍宝的铜质蒸馏器，以及记录的详细制作步骤。首先，将谷物淀粉（麦芽、大麦、黑麦、燕麦、小麦）糖化。然后，用酵母发酵得到发酵汁。紧接着，要经过三次蒸馏。在最后一次蒸馏过程中要加入杜松子浆果，以得其味道，这就是杜松子酒名字的由来。

杜松子酒就这样诞生了。它需要花费时间来培养，培养它的品性和贵族之气。和在苏格兰一样，人们用木器装盛它们，如老旧的木桶，以免最后成品颜色变暗。而蒸馏过程必须把不同年份的利口酒混在一起，以达到最后成品口感的平衡。

波斯风味体现在哪儿呢？可以说在于干燥的精华，圆润而绵延的甜味，和经久不褪的白色花的香气。人们用特殊的酒桶来盛装杜松子酒，还有一些非麦芽谷物酒，也可以将其存放在微泛绿光的透明瓶子里，或者像我们的邻国比利时兄弟那样，把它存放在小陶土瓶中。

J.C. 大卫家的鲱鱼

5 人份

10 条 J.C. 大卫家熏制的软鲱鱼排

250mL 橄榄油，1 个洋葱，2 个胡萝卜，百里香，月桂

将 J.C. 大卫家熏制的软鲱鱼排、洋葱和胡萝卜片，同百里香、月桂一起放在橄榄油里腌制。

放在阴凉处腌制 24 ~ 48 小时。

和温和的土豆沙拉一起食用。

02

香槟 – 阿登
金色酒的国度

要说香槟酒，首先得说香槟地区，它与它北部的附属地区阿登结合在了一起。这里有丰富的森林资源，因而也富有各种山珍野味：野猪、野羊、野鹿。人们喜欢用瓦罐将它们炖成各种美味。

◎ 左图：在兰斯库克宁静的酒窖中，摇瓶动作。这一旋转酒瓶的动作是为了让沉淀物聚集在瓶颈处。这是奥维耶修道院主管酒窖的修道士在调整香槟工艺，想通过摇瓶使气泡自然冒出时发明的。

香槟，贫瘠土地上的奢华之物

生长在白垩土地上的葡萄赋予了这种丝滑又轻盈的起泡酒以生命。它是什么颜色的？金黄色。来自于精美而新鲜的白色霞多丽葡萄、结构分明又丝绒的黑皮诺葡萄，和如同没有装饰的蕾丝花边般的莫尼耶皮诺葡萄，这三种葡萄酿出了一款如此出名的美酒！国王们都曾享受过这种美味。路易十四每天早上都会喝上一瓶，直到他的医生法贡向他推荐了勃艮第酒。亨利四世命人在埃佩尔耐 (Epernay) 附近的阿伊 (Ay) 建造了一个压榨工厂（香槟酒曾被称作阿伊酒）。14世纪时，波希米亚国王瓦茨拉夫，也被叫作酒鬼，在兰斯与查理六世进行和平协商时，曾陶醉于香槟酒，每天都要饮用，为此让谈判持续了一年。而对于蓬帕杜侯爵夫人来说，香槟酒是“唯一能让女士饮用过后变漂亮的酒”。令人赞叹的香槟酒！不仅仅是一种酒，也是一个传说。饮用者会醉心在这魔法之中，人们用“砰”的一声喷开酒塞来庆祝节日。

香槟酒很快变成了世界上纪念节日时被饮用最多的酒，所有的节日：生日、婚礼、领圣体、签合同……它是最常见的调配酒，品牌比产区更为有名。当然，我们用产区的等级来分出好的产区和来源。最富盛名的三个产区在兰斯和埃佩尔奈附近：适合霞多丽葡萄生长的白丘，坐落在埃佩尔奈南边，从克拉芒一直延伸到维特斯；马恩河谷，从达梅里到比瑟伊；兰斯山，从布兹到里利山庄。而奥布的酒虽然名声不如这三个大，但也是难得的佳品。当

◎ 右图：a. 在库克庄园抛光木桶外身。b. 在梅尼尔园仔细地手工采摘。c. 索菲・卡罗依和巴尔箱子蛋糕。d. 在阿尔贡地区维莱尔 – 多古特的勒巴斯农庄悉心饲养山羊。e. 兰斯德林斯甜点店的巧克力球。f. 兰斯山珍贵的葡萄园。g. 9 月份在阿尔贡地区采摘欧楂。h. 在塞利耶・圣皮埃尔酒窖蒸馏特鲁瓦黑刺李，蒸馏人员的记录本和酒精比重计。i. 休伯特・得・新格里用细带子缠住猪脚，以方便之后长达 15 小时的烧煮。

a
b
c
d
e
f
g
h
i
Repasse
= 5.462°
= 1.123
Alcoolat
65l 19 a 83°8
45l 98 a 90°

然，还有静谧又秀丽的黎赛桃红区，“它孕育的夜晚宛如分娩般，肌肤都浸泡在羊水中”，《香槟》杂志的创始人尼古拉·得·拉博帝在他的诗中说道。不得不提的还有蒙特盖于的香槟，洒满阳光的山丘之美胜过特鲁瓦。香槟酒和波尔多酒的爱好者让－保罗·考夫曼，称蒙特盖于的香槟为“香槟中的蒙哈榭”（蒙哈榭是勃艮第博纳丘的一个特级葡萄园，也是法国最好的霞多丽葡萄产区之一）。香槟的名气在于它的品牌而不是葡萄园的等级——酩悦香槟、汝纳特香槟、路易王妃香槟、堡林爵香槟、库克香槟、阿雅拉香槟、泰亭哲香槟、伯瑞香槟、岚颂香槟、巴黎之花香槟、蒂姿香槟、沙龙香槟、哈雪香槟或者白雪香槟、波马利香槟、雅卡尔香槟、科莱香槟、卡斯特兰香槟、拉芒迪香槟，以及许多其他牌子的香槟。它们大多归属于以前的大家族逐渐分支下来的大集团旗下，也有属于家族间合作经营的——很多酒庄都开发了“单一葡萄品种”或者“单一葡萄园”，他们的酒仅出自一个久负盛名的园地：库克香槟的梅尼尔园，菲丽宝娜的歌雪园，或者不常听说的堡林爵香槟的暗芳丘园，这里出产的是红色香槟。因为也有不少有名的红色香槟，来自以它们为特色的村庄——布兹、玛黑伊、维特斯、安伯内——那里是红葡萄的圣地。石灰岩土壤上生长的黑皮诺葡萄使得勃艮第的酒色泽红润，带着天竺葵的香气。弗朗索瓦·萨冈（著名编剧）笔下的主人公都是在吃牡蛎的时候配着喝的。红色香槟并不算是典型的香槟——乔治·维塞勒著名的鹧鸪之眼香槟——也同样有自己的专家。香槟区：令人赞叹的地区。

谁发明了香槟酒？

在我们追溯葡萄酒酿造改革的时候，没有人会立刻想到奥维耶修道院主管酒窖的修道士唐·佩里农。17 世纪末，他将不同的酒勾兑在一起，并在二次发酵时控制气泡自然冒出。然而，事情并非这么简单，因为有记录证实，把平静酒转变成起泡酒在 17 世纪的英国已经是一件习以为常的事情了。一些严格考据的历史学家似乎认可香槟的气泡是一个英国人在唐·佩里农之前就发明了的说法！这也是有可能的……

好吃的猪肉制品

我们吃的赫泰勒白血香肠是把新鲜猪肉、牛奶、鸡蛋、香料灌入原本的猪肠中。没有淀粉，没有防腐剂，也没有添加剂。这一古老的食谱来源于一个名叫沙马朗德的国王军军官，他由于违背黎塞留命令私自进行决斗，被迫逃往赫泰勒避难，在阿登区，他作为猪肉商在丽艾斯的布尔格居住下来，在那里他让人们认识了这一能与淡黄色的酒完美搭配在一起食用的出色食物。它和兰斯的香肠一样——和阿登区的香肠十分不同，红色，来自大白猪（一种英国东北的猪品种）的肉,涂抹上干盐，用手搓揉，在自然空气中风干，经过几个月的时间使之成熟——与勃艮第的五花香肠类似，只是没有冷冻，也没有添加香芹。把猪肩肉和去骨肩胛肉混合在一起，腌渍，放入加了调料的热汤中煮——不加白酒和香芹——再放到瓦罐中塑形。让 - 雅克・黑度，在市场上的肉店里制作一种紧实而柔嫩的兰斯香肠，让人们明白猪肉的美味，加上薄薄的皮冻和香料增加香味。兰斯香肠是一道极其美味却被人们忽视的开胃菜，唯一要注意的是，它的保鲜期很短，因为它只能保持一周时间的鲜嫩，超过一周就会变得干硬。所以它很难被运输，也因此产量很小。而香槟区喜欢吃猪肉的人们依然称它的味道是极好的当地特色。一直以来，国王和农民都能愉快地相逢于当地的餐桌上。有个小故事说，1495 年，查理七世曾在圣梅内乌尔德，唐・佩里农出生的城市停留，只是为了品尝当地

◎ 下页图：多米尼克・勒梅尔和吉伯特・勒梅尔在进行香肠“拉线”。他们传承了 15 世纪猪肉制作的传统工艺，并将这种工艺发扬光大。

口味的猪脚。在他返回皇宫后，依然心心念念地要吃圣梅内乌尔德“笨拙”之物。如今这道菜谱被认为出自金色太阳的女厨师。1730年，她忘记了还在火上炖的猪脚，出锅后，等到她品尝这种煮了很久的猪脚时，却意外有了不可思议的发现。这种猪脚不仅熟度恰到好处，而且骨头融化到恰能同时品尝到骨髓。如今人们可以在圣梅内乌尔德市里或周围品尝到这种猪脚。而以大片树林和橡树闻名的整个阿尔贡地区，成为孕育香槟酒的摇篮，因为大酒庄都会从这里获取制造酒桶的木材。

白血肠同好会

1973年，埃塞市的旅游业联合会举办了第一届最佳白血肠竞赛。此次竞赛的成功直接促成了1975年白血肠同好会的创立，至今已有40余年。他们主要组织三项活动来传播这道美味佳肴的名声：年度会议，在会议上他们吸收新的成员，这些成员会起誓“每年至少吃四次白血肠，并努力远播白血肠的声名”；全国最佳白血肠竞赛；已经举办过数年的白血肠食谱创作大赛，这项比赛吸引了200多名参赛者。准确地说，食谱首先当然要有猪肉肠，还有牛奶，最好是生奶，以及鸡蛋和调味品。多么伟大的调味品啊！所有的秘密都藏在里面，藏在食材比例和调料里面……

特鲁瓦辣熏肠

1560年，在皇家军士试图将特鲁瓦重新夺回同盟军手里时，却找不到他们年轻的吉斯公爵——香槟大区省长的踪迹。原因呢？他们在圣丹尼斯区域卖下水的地方耽搁了，只是为了寻找能买到他们长官尤士坦・德・梅斯格里尼向他们夸赞的美味的猪肉制品店。此地的辣熏肠一直都是法国猪肉艺术的杰作，它在浓厚的猪肉味道和香料的剂量间有着绝妙的平衡。这一技术让勒梅尔家族永垂不朽。勒梅尔一家曾

◎ 特鲁瓦辣熏肠：法国猪肉艺术的杰作。仅仅是把它放到平底锅里加入少量的白葡萄酒和葱一起烧煮，或者将其简单的烧烤，就诞生了一道纯粹的美味。

离开市中心搬到了工业区。为响应欧洲卫生标准，如今的手工制作者都穿着白色工作服和白色塑料长靴。制定下来的手工辣熏肠食谱是不会变的：猪肠，顺着肠竖切成细长的条状，猪肚、新鲜洋葱、盐和胡椒。猪肉制作商把条状猪肠和条状的猪肚混合在一起，将其手工塞进原本的肠衣皮里（又叫“拉线”）。紧接着把它放到用蔬菜精心调制的高汤中煮5个小时。剩下的就只是把它放到平底锅里，加入少量的白葡萄酒和葱一起烧煮，或者将它简单地烧烤，旁边摆上苦苣沙拉、新桥土豆或者碎豆泥，一道纯粹的美味就诞生了！

兰斯玫瑰饼干

1850年，在圣梅内乌尔德附近一个叫圣弗洛朗阿尔贡的村庄里，住着1000名居民，其中150人是箍桶匠。最后一位箍桶匠，有着生而不凡的名字，叫安德鲁·德里埃日，他在1984年告别箍桶工作。他曾经为伯瑞香槟、岚颂香槟、凯歌香槟、白雪香槟做酒桶。村子依然保留了原本质朴的样貌：柴泥房和有着石板钟楼的教堂。人们把一个大桶安置在路边以纪念这个古老的村庄。安德鲁还推荐了一种美食：兰斯玫瑰饼干，和“王者之酒”搭配享用，口感极佳，于是兰斯玫瑰饼干也就成了“酒中之王”。17世纪，一个兰斯的面包师傅为了利用烤箱余热，想出了在第一次烘烤之后继续二次烘烤的方法来烘烤饼干。糖、面粉、鸡蛋，加入蛋清的淀粉、香草香料，以及必不可少的染料，它会使饼干着上一层神秘的玫瑰色：这一食谱从未改变，即使生产条件已经改变了。夏尔·德·孚日鲁又收购了当地最后两家传统的店铺：弗希尔和兰斯饼干铺。他把这两家店铺合二为一，沿用第一家的名号（*即弗希尔*），在勒维耶特商业活动区开了一个新的生产工厂。在这里，同时遵循着往昔精神和健康饮食的传统下，也制作其他点心：“兰斯之味”，当地的“咸饼干”和精致的“巧克力沙布蕾”。而只有这一粉红色的饼干作为标志存留下来。有名的美食家，如比利时的利奥波德二世和俄罗斯沙皇，都把它作为贵族美味。这一传统食品在大众化中得以慢慢流传下来。它的特性：在金色的液体中浸泡后依然能保持其稳定的样子而不溶化。什么是圆满的搭配？一块粉色的饼干和一杯凯歌银牌珍藏香槟。

17 世纪，一个兰斯的面包师傅为了利用烤箱余热，想出了在第一次烘烤之后继续二次烘烤的方法来烘烤饼干。

◎ 兰斯玫瑰饼干：制作；在木柜中存储；在科拉耶和酒庄银盘中展出。

◎ 特鲁瓦黑刺李酒准备阶段，以碎果核为基底，浸泡在酒精里，随后在蒸馏器中进行二次蒸馏。

其他罪过的美味

列举三个大受香槟区人们欢迎的美味饮品：瓦尔美啤酒——阿尔贡地区索姆比－塔于勒出产——上层发酵啤酒，金色、白色或琥珀色，漂亮地酵化成熟；香槟甜酒，混合未发酵葡萄汁，中性酒精或葡萄榨渣，按照皮诺香甜酒（一种法定产区利口酒）的工艺制作；特鲁瓦黑刺李酒，以碎果核为基底，浸泡在酒精里，随后在蒸馏器中进行二次蒸馏的利口酒——从 1840 年开始就在奥布省中心大教堂的对面，塞利埃·圣皮埃尔的蒸馏厂里制作。玫瑰扁豆、甜菜、查尔斯奶酪、布里奶酪、库隆米埃奶酪、莫城奶酪、洛卡伊、阿尔贡以及埃兹火山灰奶酪，也都是当地的美食。让我们花费些时间在不被注意的巴尔箱子蛋糕上，埃里克·卡罗依和他的妻子索菲还在遵从传统制作这种低糖蛋白蛋糕。这两个来自马恩省的奥布人成了这一美食的可靠保障。

◎ 奥布河畔巴尔箱子蛋糕，伊冯娜·戴高乐最喜欢的蛋糕。在纸杯里低糖烤蛋白蛋糕，样子如同今天的纸杯蛋糕，是以前当地的一位糕点师为搭配葡萄园主会议的香槟酒而创造的。

圣梅内尔乌德风味的面包屑烤猪脚

4 人份

4 个完整的猪脚，250g 面包粉，2 个洋葱，2 根胡萝卜，

一捆植物调味料（香芹、百里香、月桂），盐，胡椒

清洗并用开水烫洗猪脚。把它们固定在一个 5×20cm 的平板上。每两个捆在一起以防止它们在烹饪过程中变形。

用 5L 水，洋葱、胡萝卜、植物调味料、盐和胡椒准备高汤。将猪脚放入煮 4 个小时。

在拆分猪脚之前先冷却一会儿。将猪脚沿着骨头竖切为二，每一块中只留下一根粗骨头在肉中间。

然后把它们放入面包屑里翻滚，再放在烤架上烤至金黄。

03

洛　林

黄香李般的味道

这是我的地区，有着我的回忆和我的心。在这里，慷慨与分享是一项悠久的传统。这里的菜肴烹调方式传承已久，质朴的农民、善良的美德深受人们赞扬，当然还有丰富多样的优质猪肉，以及甜食——因为洛林地区的人们喜欢吃甜食。

◎ 左图：在梅斯附近的马里奥莱斯－沃宗，一个古老的种植葡萄的村庄，梅拉尼·德芒日买下了莫库蒸馏厂，她曾是那里的职员。图片上是她最近一次亲酿黄香李酒。她酿造的酒呈三种颜色：漂亮的青李、迷人的大紫李和惹人喜爱的威廉梨酒。就算是葡萄果渣也都是精选出来的。

一首致敬传统的颂诗

这个大区有四个特色鲜明的省（默兹、摩泽尔、默尔特－摩泽尔、孚日），处于法国同德国、比利时、卢森堡三国交界的十字路口，这一地理优势使之成为一个开放好客的地区，既宣扬欧洲意识又紧贴传统。

在洛林大区，人们每逢节庆之时都会品尝此地久负盛名的热酥肉饼，这是一种美味的糕点；也不会错过南锡的圣埃普尔蛋糕（一种圆形奶油蛋糕）；圣诞节前还会特意品尝圣尼古拉式样的马卡龙；用比特克（Bitche）地区出产的梅森塔尔水晶灯泡来制作圣诞节灯饰。乡村的农民也有自己的聚会，以庆祝黄香李的丰收，它是当地货真价实的水果皇后。

黄香李，洛林的金色水果

这一传奇的“金色水果”只有在此地才能茁壮成长、果实累累，它偏爱恶劣天气，而非阳光灿烂的温和天气，也最适应此地严峻而多雨的气候。毫无疑问，人们都知道黄香李生于洛林地区，而橄榄树长在普罗旺斯地区。这是一种吉祥树，一个特殊的标志，一个地形的象征。它的树干结实而瘦长，像受过拷打，叶子几乎是银色的。

优秀的黄香李种植者在当地比比皆是：梅拉尼・德芒日 (Mélanie Demange)，他接手了皮埃尔·莫库 (Pierre Maucourt) 在沃宗市（Vezon）的蒸馏厂和他的三色酒桶，这是一个在梅斯附近种植葡萄的村庄；米歇尔・德尼佐 (Michel Denizot)，图勒瓦市（Toulois）布罗男爵庄园 (Baron de Braux) 的园主，他家用的是“南锡流派”雕刻风格的小瓶；休伯特・格拉莱特 (Hubert Gralet)，罗泽里尔莱斯 (Rozelieures) 法定产区的酒的捍卫者，他创建了一个既有讲解又有互动的黄香李博物馆；让－皮埃尔・巴利索 (Jean-Pierre Parisot)，锡永地区，就在巴雷斯“灵异的山丘”脚下（莫里斯・巴雷斯，法国小说家，1913 年创作小说《灵异的山丘》）；不能忘记的还有让－玛丽·雷森，谢尔克地区（Sierck）蒂永维尔（Thionville）附近的小埃唐市（Petite-Hettange）；帕蒂克·伯丁 (Patrick Bertin)，图瓦枫丹市（Troisfontaine），阿尔特兹维莱 (Hartzviller)

和瓦雷里斯达勒 (Vallerysthal) 水晶的盛产地附近，离斯特拉斯堡不远；还有勒贡特－布莱斯 (Lecomte-Blaise)，孚日山附近湖边的诺尔 (Nol)。

黄香李的香气呢？让我们来说说吧。黄香李的香气中带有一股丝绒般浓厚的甜味，即使在和其他气体混合后也能闻出它的天然味道。

◎ 一种酿酒的传统配方：一杯利口酒和两颗刚摘下来的新鲜黄香李。

在比尔利翁库尔 (Burlioncourt)，让·吉拉尔丹 (Jean Girardin) 在黄香李酒中加入了葡萄果渣、苹果、威廉梨酒、桃子、醋栗、樱桃酒、橙子、黑刺李、珊瑚花、欧楂、花楸、榅桲、香蕉、覆盆子和英国山楂花。一年四季都可以饮用黄香李酒，最值得一提的是它久久停留在嘴边的香味，甜甜的，丝绒般的，浓厚的，即便混入其他液体也掩盖不了它的味道。它是所有水果的“未婚妻”，也为所有水果的“婚礼”增添了乐趣。“我钦佩它，我揭开它的面纱，我守候它，我和它畅谈，我轻柔地抚摸它”，让·吉拉尔丹好像在吐露心声，神情痴迷。“有很多假的黄香李（酒），”罗雷丹·拉尔希 (Loredan Larchey) 在他 20 世纪发表于梅斯地区的一篇文章中说，“当人们品尝过真正的黄香李时，就不会再犯错了。它小而圆，黄色的皮像太阳照射下的李子，散发出甜甜的沁人心脾的香味，它是李子中最为神圣而精致的存在。”它是如此美味而多汁，人们采摘到手马上就会想吃，它完美的芳香会余留在酒后空荡荡的杯中。它柔和而浓郁的味道，让人们理解了洛林的轻柔与坚毅。

激情四溢、美食层出的洛林地区拥有丰富的美味菜肴，人们把黄香李用在各种调料汁里，用黄香李做成各种菜肴：凡尔登的哈尔迪公鸡酒店遵从以前的做法，用它做火焰焦糖；在厄比纳尔洛林公爵酒店，用它做细沙蛋糕和杏仁蛋糕，在孔代诺尔康

(Cond é –Northen)，马鲁瓦三队长酒店和让 – 玛丽·卫兹利家的孔代旅馆用它做热舒芙蕾；斯蒂林 – 温代尔优佳旅馆，用它做美味爽口的鸡肉冻；在默兹省厄迪库尔苏斯 – 莱科泰 (Heudicourt–sous–les–cotes) 的马丁尼湖，人们把它和乳猪一起烤，梅斯的蒂里·孔弗兹家餐馆用它做“分钟”巧克力泡芙，帕尔斯堡 (Phalsbourg) 乔治·舒米特家的第二年士兵餐馆甚至以鹅肝的样子把它做成“金礼服”。透过这些，我们看到的不仅仅是黄香李丰富多样的做法，更能从这些菜肴中体会到洛林人对黄香李永恒的偏爱。

雨露均沾，恩泽均有

诚然，洛林也有数不尽的其他特色：洛林农场熏肠，莱瓦达若猪肉香肠，樱桃酒冰淇淋，水晶脊肉，熏肉咸塔，洛林糕，马卡龙，香柠檬糖，蔬菜炖肉，蛋丸汤，田鸡，蜗牛，野生蓝莓（在孚日地区方言里又叫欧洲越橘），鳗鱼馅饼，土豆煎饼（也叫“拉佩煎饼”或“图法伊煎饼”），芒斯特或杰罗姆奶酪，梅斯乳猪肉冻，小牛头，黑醋栗果酱，玛德琳蛋糕糖衣杏仁，默兹或摩泽尔坡葡萄酒，维克或图鲁瓦灰葡萄酒（一种采用红葡萄来酿造接近白葡萄酒的酒精饮料），蓬阿穆松洛的鲁瓦伊斯啤酒（在 20 世纪初的三家酒馆里，它是最后一家，可谓是幸存者），或者蜂蜜醋，在阿尔萨斯也叫梅尔芙。

洛林人喜欢出行、吃喝、节日和宴请。餐馆有很多，并且无论什么季节总是很快就客满，哪怕是

◎ 右图：a. 凡尔登糖衣杏仁，用金箔和银箔包裹。b. 孔代诺尔康的“孔代仓房”小旅馆的乡村面包。c. 地区的象征：瓦尔汀“漂亮山谷”餐馆的菲利普·拉吕埃勒和一头孚日牛。d. 在摩泽尔饲养的乳猪。e. 南锡马卡龙。f. 莫里斯·巴雷斯的城市里一条狭窄的小路。g. 南锡“学府”餐馆的孚日蓝莓塔。h. 梅斯当地餐厅做的洛林馅饼。i. 洛林的金色水果。

a
b
c
d
e
f
g
h
i

冬季，即便不太有名的大餐馆也如此。因为这些餐馆都是些享有美誉的小旅馆以及典雅的小酒馆（我想到了梅斯的波波特酒馆，南锡令人赞不绝口的学府餐馆，热拉尔德梅的“从公鸡到驴的餐盘”餐馆），他们定期举办各种形式的小牛头和牛杂的庆祝活动。总之，这些庆祝活动不亚于他们的邻居阿尔萨斯大区。另外，相邻的萨尔、比利时和卢森堡的菜肴也能在这里找到。谁说黄香李的国度不是有着优质美食的好客之地？洛林人，那位说出“为了吃，我在所不辞”的烹调史学家让－玛丽·居尼，最喜爱淡水鱼、虾蟹等甲壳类动物，也喜欢雷司令酒炖鳟鱼，杏仁焗鳟鱼，或者鳟鱼糜、鲤鱼丸、鲈鱼、梭鱼（当然是做成鱼丸汤，或者细丝鱼片），鳗鱼，煮或焗红钳螯虾，不能忽略的还有布雷口味的蒜香田鸡或者奶油白葡萄酒田鸡，都是去过皮的。

蔬菜拼盘，蒲公英，水煮蛋或煎鸡蛋，默兹松露，煎土豆或小炖锅土豆泥，都是能完美地搭配“当地之王”的配菜。

梅斯著名的乳猪肉冻

在洛林，正如我们之前说的，肥肉是本地之王，而无论哪种做法都很有名——放在铁钎子上烤，猪肉卷，蔬菜烧肉，肉冻，汤，猪血肠，熏猪胸肉。肥肉是典型的庆典菜肴。用它制作的最为精细的菜品是什么？乳猪肉冻。它是一道凉菜，用彩釉的陶盘或者瓷盘呈上，也可以便捷地装入纸板托盘中以保持其清凉新鲜。它是一道能让所有人都喜爱的菜肴。去骨，切成圆片，放到调好香味的肉冻容器中，随后就是坐等乳猪肉变成精巧的美味。城市里所有的猪肉制品商都会在年底特别推出精心准备的猪肉，当然也可以订购。猪肉制品专家埃里克·休伯特，在巨鹿街有自己的漂亮店铺，最拿手的是熏棒槌肠、猪头肉糜和鹅肝肠，每周他都会精心烹调一次。这一精致菜肴可以作为凉菜来开胃，也可搭配沙拉作为一道主菜。再配上当地清爽宜人的白葡萄酒：默兹坡特级葡萄酒，里耶纳尔庄园的，安东尼庄园的，或者皮尔松庄园的（皮尔松是奥塞尔〈约讷省省会〉人，他发现了拉罗普庄园、勒里埃弗酒庄、孚日酒庄、马松酒庄都会用到的图勒灰葡萄。——译者注）。这道菜肴也可以搭配米勒－图高美味柔顺的白葡萄酒、灰皮诺酒，比如莫洛泽沃氏庄园出产的北斗七星特级酒。

◎ 南锡帕蒂克·达讷希 (Patrick Tanésy) 的一道菜 猪血肠冻。在菜单上，它叫殿下肉冻。殿下，在洛林地区的农村中，是人们对猪的敬称。而人们宰猪的日子被称为“殿下之日”。这是苹果猪血肠冻，然而我们能看到，苹果是嵌在中间的。明亮的颜色，让人联想到了巧克力蛋糕，这归功于低温下对猪血的处理。

王者洛林肥肉

对，洛林的菜品之王，当年的国王虽然没有说过，但绝对是肥肉！在小小的洛林地区，总能听到这样的问题："你更喜欢谁，你的爸爸还是妈妈？"回答不自觉的便是"我更喜欢肥肉"。洛林肥肉的美味在于各个方面：肥，脆，熏制的，取自猪腹部的肉，在当地也被用来做成各式的香肠：鹅肝肠（里面也可以用小牛肉），烤白肠，洛林棒槌肠（又叫钟锤肠），扁香肠，莱瓦达若猪肉香肠和孚日粗肠。

值得一提的还有著名的当地标志性的洛林馅饼，它是把肥猪肉和瘦猪肉浸泡在白葡萄酒里，塞入千层酥面团中，放入烤箱烤至金黄。同样要说的还有传奇的洛林糕，令人垂涎的糕体，微微泛着光的甜奶油，成为当地人的心中所爱。还有我们之前说过的，小锅烤乳猪搭配黄香李酒，白血肠和红血肠，塞维拉粗香肠，鹅肝蛋丸汤，或者为婚礼或圣餐提供的骨髓蛋丸热汤，还有维也纳香肠（也叫"脆响肠"或脆皮肠，供涂在面包上）、鹅肝肠和鹅肝火腿。另外，这种名叫"圣安东尼"的馅饼，奶油圆蛋糕的形状，里面加入鹅肝和蔬菜，是由弗雷德里克·里弗创造的。他享有 MOF 称号（最佳法国手工业者），在埃里克·休伯特的店里工作，也是默兹猪肉制品制造者中的王子……不能忘记的还有传统小圆馅饼（默兹的吕普鹅馅饼，孚日的鳟鱼馅饼），以及小罐鸭肉，或者里面通常会加入一定瘦猪肉的小罐家禽肝。

洛林的猪肉店以各种方式向享有王者之誉的猪

◎ 右图：a. 帕蒂克·达讷希 (Patrick Tanésy)，唯美主义者，会享受的美食品味家，在他南锡的餐馆中品味螯虾。b. 在著名的"博段·德·杰拉德梅尔"猪肉店里，师傅们现场熏制肥肉。埃尔维·博段也推荐了他家其他的特色美食：柴火熏肥肉，干腊肠，洛林棒槌肠，洛林圆馅饼……

a

b

表示了敬意……和与黑森林为邻的阿尔萨斯地区的猪肉制品最大的差别是，洛林的猪肉用树叶来熏制，而不是用树脂，这使得它的味道更好。

洛林地区也是一个甜口的地区

是的，洛林地区是一个甜口的地区。洛林地区的糖果和糕点都有哪些？南锡的香柠檬糖，布雷德马卡龙，吉卜赛之臂（也叫“维纳斯之臂”，一种圆形果酱杏仁小蛋糕，包着奶油——像南锡的圣埃普尔蛋糕），达克斯或者傲罗龙的安特姆薄饼（也叫俄罗斯薄饼：一种大受欢迎的香草或杏仁巧克力口味的奶油薄饼）。接着是孚日的杉木皮糖果，圣米歇尔的杏仁脆片，凡尔登的糖衣果仁或者科梅尔希的玛德琳蛋糕，以及在千万种糕点中不能错过的梅斯巧克力球。

◎ 自制的科梅尔希玛德琳蛋糕，它是一种可以追溯到 18 世纪的洛林传统美食。

洛林美食，尤其是甜食的忠实守护者有斯坦尼斯瓦夫一世、波兰国王、洛林公爵。他在这里发明了巴巴朗姆蛋糕——他在奶油圆蛋糕淋上帕斯琳娜葡萄、藏红花和朗姆浓缩汁，大喊着："这是朗姆里的阿里巴巴！"也是他命名的科梅尔希的玛德琳蛋糕——这种松软的圣雅克贝壳形状小蛋糕是由一位名叫玛德琳的姑娘引进他的城堡的。还有南锡的马卡龙，来源于一个小故事：凯瑟琳·德·沃代伏、查理三世公爵的女儿、雷米雷蒙女修道院长。她在南锡创立了一个叫"神圣圣事"的本笃会女子修会，要求不准吃肉，只能吃巧克力和糕点。其中两名修女，玛格丽特·盖约特和玛丽－伊丽莎白·莫洛，有了烹制一种糕点的想法，这种糕点不仅能提供最大程度的美食享受，同时也能帮助修会满足饮食上的需求。但在 1792 年 4 月，法令取缔了修会，她们在修会医生高尔芒家避难，住在哈什路（今天的马卡龙姐妹路），开始对外出售她们的马卡龙。由蛋清、糖、杏仁混合制成，形状扁而圆，外皮酥脆，内馅柔软：从 18 世纪末至今，马卡龙的制作方法从未发生过变化。重振这家店的

◎ 南锡马卡龙的准备工作，它是有 200 多年历史的特色美食。

尼古拉·热诺用了“马卡龙姐妹”这个店名，里面卖的糕点都是经过手工精心制作而成的。

巴勒迪克的黑醋栗果酱

这一甜品杰作不愧是洛林地区人杰地灵和先进科技的体现：巴勒迪克的黑醋栗果酱，从14世纪起就开始用鹅毛笔去籽，放入水晶杯中出售。7月，当黑醋栗收获季节来临，巴勒迪克地区的妇女们用一支鹅毛笔在拇指和食指间斜切，以此来穿透果皮取出籽粒。水果随后被浸泡在滚烫的糖浆中，以保持其味道完好，色泽明亮。六个世纪以来，制作工艺从未变化。即便只有一间屋子用于制作，在上巴勒城脚下，每年依然能生产六七千罐。安娜·度蒂出口了1000罐果酱到东京和美国的豪华商店，延续着百年制作传统，让人们能够欣赏到她手下六名专业去籽工人的劳动成果。这六名去籽工人在给水果去籽方面是独一无二的，她们每天能给四公斤的黑醋栗去籽！这一让阿尔弗雷德·禾奇库克(Alfred Hitchcock)迷恋的甘露（他将其大量运往伦敦）可以直接被食用，也可以浇在香草冰淇淋球上吃，黑醋栗还能和味道更为甘甜的白醋栗融洽搭配。

南锡香柠檬糖，IGP标识产品

它是唯一拥有欧洲IGP标识（国家地理保护标识）的糖果，IGP是确保产品从用材、制作到包装都是高品质的标志。它最早起源于西西里岛的一棵“半梨半柠檬”树上结出的水果。洛林公爵，也是西西里岛的国王，把它们带回自己的公国。然而，水果不能直接食用，只能用它的汁液制成一种很香的精油。1845年，让－弗雷德里克·高德弗洛伊·黎利戈在南锡穆家桥路31号开了一家糖果糕点甜品店。他听从一个经营香料的朋友的意见，把香柠檬油和熬熟的糖混合在一起，并赋予它金色方砖形的外表。数年后，在1909年南锡国际博览会和1910年布鲁塞尔世博会上，

工人以传统方式对黑醋栗进行去籽加工，目光敏锐，手指灵活。

◎ 用鹅毛笔去籽的巴勒迪克黑醋栗果酱。专业的去籽工人小心地取出籽粒（每个果子上有8粒籽）。果酱随后被手工装罐，并作为奢华食品出售。

香柠檬糖引领了全球风尚。它的制作方法始终如一：糖，明火熬化，倒入涂上香柠檬油的片状模板中。待其冷却后，便可成型。洛林糕点师和厨师用它做冰淇淋、舒芙蕾、餐后甜点或者果味冰糕，柠檬口味使其成为清爽消食的佳肴。

◎ 在工作室的暗房里，如炼金术士般，米歇尔·拉隆德在检查香草柠檬糖片的质量，随后它将被切成糖块。它的制作方法始终如一：糖，明火熬化，倒入涂上香柠檬油的片状模板中。待其冷却后，便可成型。

乳猪肉冻

一头乳猪，4 个鸡蛋，3 个洋葱，4 个小洋葱头，2 瓣蒜瓣，盐，胡椒粉，1 根丁香，
1 片月桂叶，龙蒿，香芹，1 片韭葱叶，胡萝卜若干，白葡萄酒

将乳猪切成 6 块。将其放入炖锅中，加入洋葱、小洋葱头、蒜瓣、盐、胡椒粉、丁香、月桂叶、龙蒿、香芹、韭葱叶和胡萝卜若干。

加入白葡萄酒和水，没过肉即可，炖两个半小时。随后，取出已经炖熟的乳猪。打蛋白，并混入汤汁中使其澄清。

小火再炖 15 分钟。

关火，将肉从骨头上分离，并将分离出的肉置入模子中。

将肉切成大方块形状。再次加入过滤出来的汤汁。冷却。

04

阿尔萨斯

如酸菜炖肉般的慷慨

还有比这里的美食更多的大区吗？在这里，一切都遵循着这样的态度：“在阿尔萨斯，规矩首先是餐桌上的规矩。”在历代画像中，在地区文学作品中，在人们日常生活中，吃好喝好占据了重要位置。

◎ 左图：在克罗泰尔热尔桑，一个制作酸菜炖肉的家庭：父亲让－米歇尔和他的两个儿子围聚在一个酸菜满溢的木桶边。酸菜炖肉，既是蔬菜也是一道主菜，可以和各种各样的猪肉制品或鱼搭配食用。“它是包容的”，朱利安・弗朗德评价。

艺术、传统与富足

“Esse und trinke halte Lieb und Seelz’ Samme”（吃喝让身心合一），当地的俗语如是说。阿尔萨斯的作家或画家夸耀他们手中的刀叉，盛李子烧酒的玻璃杯，切奶油圆蛋糕的银刀，如同夸耀自己的笔和调色盘一样。

厨师们也处处留心，表达着他们的哲学，比如埃米尔·均戈，斯特拉斯堡鳄鱼派诗人，将一道新菜品命名为“完美美食的未完成实践”。这里爱开玩笑的艺术家们表现得像美食家。我们想起了雷蒙－埃米尔·韦德里奇留在布勒斯海姆菲利普家的宏伟画作，雷奥·施努格，一个极度嗜酒的画家留在斯特拉斯堡卡梅泽尔府的画作，以及汤米·恩格勒在阿森纳留下的一幅灵巧跳跃的青蛙的签名画。

小酒馆是一个适合聚会和分享的地方。在斯特拉斯堡伊冯家，酒后兴致大发的巴黎艺术家和作家们在此例行会面。在那里，时间仿佛凝固了，大师们品尝着根据当日市场上的时令蔬菜制作的菜肴（罐装山羊奶酪和甜椒，热鹅肝涂香料面包），以及一直以来的经典菜肴（酸菜炖肉、小牛胫肉、熏肩肉、农民香肠、小牛头肉）。如果你是首次来到斯特拉斯堡或阿尔萨斯的外地游客，那么猪肉制品店和糕点店的玻璃橱窗绝对会像艺术长廊一样，吸引住你的目光。

“法国，美食精而不多。德国，美食多而不精。阿尔萨斯地区，美食既精且多。”这一罗格尔·斯弗尔经常引用的美食名言在今天看来明显略失公正，然而却能反映部分事实。阿尔萨斯人曾经一度辗转于德法两国之间，他们似乎想在下一次的入侵之前，“就在那里饱餐一顿”……

在阿尔萨斯地区，传统、宗教和美食总是密不可分。人们去做弥撒前把土豆洋葱烘肉（在小陶瓮中，把三种肉浸泡在白葡萄酒里，并用土豆层层铺叠分开）放在火上炖。待从教堂返回时，它已经炖得软嫩鲜香，只等人们品尝。每当市里有人结婚时，让－皮埃尔·哈柏林，伊尔奥塞尔市的市长，同时也是伊尔客栈的合伙人，会习惯性地送给新人一本食谱，并不忘交代“Liebe geht auch durch den Magen”（德语），意思是“爱情也在胃里”。

这里的一切都在指引人们去享受这片土地上美誉满满的食品。上帝知道阿尔萨斯地区历来物产富饶。乔治·斯柏兹用一首长韵文诗（《美味的阿尔萨斯》，1914 年发表于《阿尔萨斯》杂志)，赞美了在孚日山森林及里德附近森林里自由奔跑跳跃的哺乳类野味(麋鹿、梅花鹿、野羊、野兔)，或者禽类野味(山鹑、鹌鹑、野鸡、水鸡、野鸭或松鸡)。

阿尔萨斯上莱茵省南部，靠近瑞士汝拉山脉和弗朗什-孔泰大区，有数不胜数的池塘，人们在池塘里饲养梭鲈和鲤鱼，来做炸鱼。河水被污染之前，生存着大量的梭鱼、鲈鱼、红眼鱼、白鱼、鲮鳙鱼、欧鲌、鳊鱼、鮈鱼、鳗鱼、西鲱鱼，还有著名的莱茵河鲑鱼。这些都是水手鱼(加酒和洋葱烹调的鱼)的食材，由劳特河岸、威斯河岸或吉斯河岸的淡水鱼烹调而成。如今人们也做水手鱼，尽管用来烹调的鱼通常产自其他地方——比如荷兰池塘，搭配上等的雷司令奶油酱和宽面条一起食用。

◎ 在比斯绍夫桑的“凯勒”猪肉制品店：脆皮肠，法兰克福头肉香肠，里昂啤酒舌肠，火腿香肠，里昂香肠，香菇香肠，三明治香肠。

鹅肝酱，富饶的阿尔萨斯地区传说中的佳肴，由迪约兹的洛林人让－皮埃尔·克劳斯“创造”，他是斯特拉斯堡军区司令部孔塔德元帅家的厨师，曾在这个大区的很多地方居住过。如今，两个斯特拉斯堡的制造商，费耶尔－阿兹内和布鲁克，以及其他几个人，在葡萄种植区（艾普菲、苏尔特莱班、盖贝尔斯克维）和科赫斯堡庄园（诺南马榭）延续着传统，尽管原材料来自别处。松露，曾经来自利普桑或安迪桑，如今是从特里卡斯丁、佩里戈尔、凯尔希以及意大利进口而来。顺着萨维尔讷山口而下，在那片让路易十四朝思暮想的“漂亮花园”里，生长着一些特别的植物。那是一片肥沃的土地，特产有科赫斯堡的啤酒花，里德的芦笋，被称作“吉尔雷”的黄色爪子的土鸡。猪肉，不同的部位需要使用不同的配料，浸泡在雷司令或黑皮诺中，可以做猪肩肉、猪膘肉、火腿肉、猪颈肉、香肠、头肉香肠，以及高质量的头肉冻。

阿尔萨斯的香肠艺术，称得上一曲“爱的赞歌”。啤酒香肠、塞维拉香肠、猪肝肠、德国烤香肠，还有美味的猪肉制品，像猪肉蔬菜灌肠、头肉香肠、熏猪排（有时候是熏猪排饼）成了小酒馆中评价极高的特色。啤酒和当地的葡萄酒与之搭配，可谓天衣无缝。

甜味的快感天堂

阿尔萨斯地区有丰富的水果和浆果。维雷谷及其附近的葡萄园（从韦斯托方到里博维莱）一直是

◎ 右图：a. 在巴黎的阿尔萨斯风格的“杰尼”酒馆供应的辣根菜。b. 阿尔萨斯洋葱薄饼。c. 斯特拉斯堡“卡梅泽尔家”的8字硬饼。d. 斯特拉斯堡“开瓶器”小酒馆供应的软干酪塔。e. 帕蒂可·弗里兹在上奥特罗特的餐馆里。f.“克里斯蒂娜·菲贝尔”牌果酱。g. 在比斯绍夫桑，让－马克·凯勒在他的熏制室中。h. 科尔马的“布莱讷”小酒馆供应的头肉冻。i. 涅代尔莫尔斯克维镇上的阿尔萨斯风情小屋。

a

b

c

d

e

Les Confitures Extra
de
Christine Ferber
Fleurs de sureau
dans une gelée de pommes
Les Confitures Extra
de
Christine Ferber
Pamplemousse rose
f

g

h

i

一个了不起的果园，樱桃、桑葚、蓝莓、洋李、黑醋栗、覆盆子、大黄、越橘、李子、榅桲、香车叶草、花楸或毒鱼草，多得不得了，很多都能用科学方法蒸馏。马塞内兹、梅特、温多尔兹、米克罗、戴弥斯高特、勒高尔、普瑞斯、哈戈梅耶、霍弗勒、贝尔郎、休伯希特、亚当，就是其中的“蒸馏艺术家”，本地区最好的烈酒都要归功于他们。人们也用它们神圣的果实来做果酱，其中的皇后和仙女当属涅代尔莫尔斯克维的克里斯蒂娜·菲贝尔牌果酱。它是最为精细也最为新鲜的。水果塔、圆面包、干果四拼盘、干果香梨蛋糕、发面做的糖粉奶油蛋糕，还需要糖粉和面粉，在热尔特维莱最为流行的“福特温格尔家”和“利普家”的香料面包，在斯特拉斯堡小法兰西的“米勒尔·奥斯特家”也卖得很好。巴登人和巴塞尔人都能在这儿找到他们的巧克力黑森林蛋糕和樱桃酒黑森林蛋糕，他们的果酱林茨塔、杏仁林茨塔、核桃林茨塔和肉桂千层姜饼，以及像极了维也纳糕点的奶油蛋糕。

阿尔萨斯的糕点师（斯特拉斯堡的克里斯汀·梅耶尔、蒂埃里·穆奥普特、欧贝梅耶尔、法尔希耐拉、纳戈尔，还有芒斯泰和科尔马的吉尔戈，米卢斯的雅克）都是能够把控细微计量、色相和味道创新的艺术家。他们还会在外表上做文章，用上好的奶油搅拌做成淡味的英式奶油，加上杏仁面团，分层，打碎成沙状……简而言之，他们把我们带回了童年。啊，阿尔萨斯甜点：祖母夹心蛋糕，挪威火烧蛋饼，各种各样的舒芙蕾蛋糕，樱桃酒冰慕斯，奶油圆蛋糕，同样也是冰的，加上科林斯小葡萄干和浓郁的琼瑶浆果渣的香气！我忘记了其他上千种甘甜，然而即使闭上眼睛，我也能回味起克里斯汀·梅耶尔的啤酒巧克力奶糊，克里斯蒂娜皇后的巧克力，咖啡和焦糖杏仁口味的木柴蛋糕，哈柏林岛的脆皮冰船蛋糕。当然，焦糖法式吐司（迷失的面包），加上布尔希塞尔的安东尼·韦斯特曼啤酒，还有他在威森堡的学生，皮埃尔·卢德维戈拿手的白面包！是的，美味的阿尔萨斯就像一份大套餐，这个美丽的地区里所有热情的厨师都无可挑剔，就像庆典、旋转木马和漩涡！我们一拉开关，回忆就自己旋转了起来……

◎ 右图：在斯特拉斯堡的“克里斯汀”糕点店，克里斯汀·梅耶尔在刚出炉的奶油圆蛋糕前赞叹不已。这种形状独具特色的圆蛋糕是在特殊的模子中备料的。蛋糕可甜可咸。克里斯汀·梅耶尔有数不尽的佳作：马卡龙，香料面包，奶油圆蛋糕，冰淇淋，巧克力，糖粉奶油蛋糕……

Christian

阿尔萨斯的圣诞节：全部的传统

阿尔萨斯的圣诞节，融合了美食、宗教、象征人物如圣尼古拉和神父伏埃塔勒，以及地精（守护地下金银财宝）和小精灵的传说，当然也少不了圣诞集市。从 12 月初开始，一切准备就绪，以最好的姿态迎接圣诞节的到来。最好是晚上去逛圣诞集市，在集市上能找到装点圣诞树的一切，马槽（耶稣诞生的马槽模型），彩色泥人，以及其他各种艺术品。在集市上也可以品尝到热红酒、圣诞小饼干、姜饼（一种香料面包），以及著名的德式圣诞蛋糕（它是传统的圣诞蛋糕）。不能错过的圣诞集市有科尔马的集市，斯特拉斯堡圣诞集市（几乎是最出名的），凯塞尔斯贝尔的集市（很小但很典型），里博维尔的集市（中世纪的原始集市），新布里萨什的集市（按沃邦时代的风格陈设，昔日的工艺，旧时酒馆，烤野猪肉串），韦塞尔兰的集市，奥特马尔桑的集市，克威尔的集市，贝尔甘的集市，埃吉桑的集市。当然，还有米卢斯圣诞集市，它是一直营业的集市之一。

传统与现代的融合

如此富饶的阿尔萨斯，一直忠诚而严格地续写着当地传统，而对于革新则有一丝担忧。昔日的房屋都是父传子受，代代相传的。在伊尔奥塞尔市的哈柏林家，马克接手了父亲保罗的餐馆，并满怀敬意地在菜单上重新列出了“伊尔客栈推荐特色菜”：小罐鹅肝酱、弗拉基米尔土子龙虾、果酱眼镜饼干、诺西贝牛肉里脊、慕思琳奶油青蛙或三文鱼。同时，他以一道猪脸颊沙拉配鹅肝和扁豆，或者配土豆、鱼子酱和小罐沙丁鱼作为招牌菜。在“葡萄酒之路第一城”马尔勒楠的“雄鹿”餐馆，米歇尔·休赛尔，在其祖父瓦涅尔和父亲罗比之后接过第三棒。他在已有的鸡肉酥和猪肉馅饼的菜单上增添了一些新的菜肴，比如他拿手的农家猪血肠、猪脚馅饼和酸菜炖乳猪肉。

然而，传统不会中断，因为越来越多外出旅行的阿尔萨斯人，都是将优秀的法国菜肴传播给外国人的大使，他们将当地的特色推荐给外国人，确保了菜肴的原汁原味。我们在世界各处都能看到他们的身影：芝加哥（让·乔霍，艾佛勒斯餐厅）、

◎ 米歇尔·修塞尔，在其祖父瓦涅尔和父亲罗比之后接管的“雄鹿”餐厅前。他在传统的菜单上添加了烤乳猪和煮乳猪酸菜炖肉，乳猪皮是中式烤法，里面的肥肉换成了熏肝片，新式的酸菜酸脆爽口……真是绝了！

旧金山（休伯特·凯勒，百合花餐厅）、纽约（让-乔治·冯戈希琴，他的“牛轧糖”餐厅，在Jean-Georges, Vong, Mercer, Kitchen, Jojo, Perry街上，我忘记了……）、巴塞罗那（让-路易·内西尔，内西尔家餐厅）、哥本哈根（丹尼尔·莱兹，桑格特·加克布餐厅）、温哥华（加克布·梅耶尔，鳄鱼餐厅）。也有不少人在蓝色海岸开店，像克里斯汀·韦莱尔，他是戛纳马丁内斯金棕榈餐厅的主厨，多米尼克·勒斯坦，在放弃内格雷斯科五星豪华大酒店的工作后，目前效力于“尼斯玛琳达”餐厅。在大黄鹅肝和白奶酪冰淇淋的时代，他们为自己的出生地续写着荣耀。和在阿尔萨斯本地一样，“阿尔萨斯菜肴”不固守于洋葱蛋挞、雷司令梭鲈、酸菜炖肉、明火烤蛋挞——一种阿尔萨斯风味的披萨（在做面包的面团上涂抹厚厚一层奶油或者鲜奶酪，摆上咸猪肉丁和洋葱）。而正如朱利安·弗朗德教授曾指出的那样，随着时代和潮流，制作方法变得精炼而简化了，但最终的产品、思想和准则却从未改变。

生鲱鱼土豆塔，水手鱼风格的梭鲈饺子，田鸡水芹布丁，榅桲卷，阿尔萨斯蟹肉卷，香脂蓝莓炖小牛肉片，外焦里嫩的烤鸭肝，配上四季豆和红椒：这些是如今我们能在菜单上看到的最能代表阿尔萨斯美味的几道菜。不完全是传统的祖母私房菜，也不是对这里传统的否定，而是顺应潮流和新做法的传统再生。

阿尔萨斯和啤酒，一段美妙的爱情故事

当地谚语说："有了啤酒，口渴也变成了一件美好的事情。"阿尔萨斯大区喜欢啤酒，啤酒也很好地回报了人们对它的青睐。这里的信条是：啤酒是口渴者的福音，是清新而充满活力的饮品。啤酒是低酒精度发酵酒，平均 4.8°，它是夏天极佳的解渴饮品，无论何时都是如此：3 月份的啤酒，春天的第一槽啤酒，圣诞节的啤酒，味道更为浓郁，口感更为丰富，带着微微的甜辣，以便抵御冬日的风霜。配合菜肴的啤酒，也是佐餐啤酒，同时啤酒也能单独饮用，可以用来止渴，让人身心愉悦。

独立的啤酒酿造厂逐渐被大型集团收购，像费谢尔 (Fischer)、安克皮尔 (AncrePils)、米特齐 (Mutzig)、阿代尔肖冯 (Adelschoffen)，都归到了喜力 (Heineken) 旗下。科伦堡啤酒，前身是阿尔萨斯的啤酒厂（17 世纪起，是豪特家族的酿酒厂），被丹麦人嘉士伯收购。它的总部就在奥贝奈市"科伦堡"地区，是欧洲啤酒酿造量最大的酒厂。萨维尔纳啤酒（1845 年由施威克哈特家族在萨维尔纳市建立，萨维尔纳市以其水质清澈而出名，水体缺乏硝酸盐而微酸，从孚日山粉色砂岩石中渗滤而来。——作者注）被萨尔人卡尔斯堡并购（不要和前面提到的丹麦人混淆，丹麦人的名字以 C 开头，而他的名字以 K 开头），以卡士堡啤酒为名在法国生产。还有阿尔萨斯的里克尔纳啤酒，它是一种皮尔森啤酒，味苦而清爽。这种啤酒作为酒厂的救命恩人，在现代化的羽翼下，发展成为最初的啤酒庄园，也凭借它生产的朱皮拉托啤酒或者喜力滋啤酒帮助舒曾贝尔格啤酒厂死而复生，这个酒厂曾是斯特拉斯堡市郊希尔蒂盖姆的珍宝（《啤酒城市》语）。

啤酒里的"小拇指"是谁？米卢斯附近的吕泰尔巴克市，以及斯沙尔拉贝克尔甘的劳特市，"葡萄酒之路"中心的北岸，有一些仍然用手工酿酒的小酒馆。小酒馆的内厅很大，可以放下烧火台，和显而易见的啤酒酿酒槽（就像是挑逗，然而在阿尔萨斯，甘布里努斯和巴克斯的啤酒搭配在一起总是相得益彰）。还有不能忘了在圣·皮埃尔，一款清淡爽口的于博拉克啤酒，酒厂离巴尔和安德洛不远，位于葡萄园和森林之间，哈瑙地区中心，普法方奥方旁边。

"最后的莫希干人"，最后的独立酿酒厂，同时也是"100% 阿尔萨斯的酿酒厂"，坐落于荷科赫斯堡和乌克尔兰的中心奥克弗尔当村，离大麦和啤酒花田仅两步之遥。

◎ 上图：维涅特酒馆，位于斯特拉斯堡曾经的商业区罗博索街区，成了整个斯特拉斯堡的餐桌，人们在这里商讨、消遣、放松。它不是阿尔萨斯首府刻意用心经营的一个模式化小酒馆，而是城市里的一个雅致而充满乡野气息的欢乐的小酒馆，丹尼尔·杜瓦迪克将他打造成了一个家喻户晓的热闹场所。

◎ 右图：新鲜的打压完美的扎啤。它们可以是白色的、金色的、棕色的、琥珀色的、褐色的、红色的，抑或黑色的；按味道可分为苦的、酸的、甜的、浓烈的，甚至是辣的。啤酒能“减轻”口渴程度！阿尔萨斯啤酒的一个例子：威士忌麦芽啤酒。这种啤酒作为开胃酒和佐餐酒，味道一样好。

简单说来，就是在一切的中心。1898 年起至今已历七代，莱斯·哈格（Les Haag）一直沿袭着 1840 年创立时的传统。在他们的支持下，啤酒厂在革新中并未遗失当地酒庄的传统，我们仍能满怀激动地看到令人赞叹不已的麦芽汁制备室和铜制的酿酒桶。

它的明星产品：皮尔森，一种传统啤酒，十分贴合当地的饮食习惯，清凉，清淡，金色啤酒里透出微微的苦味，有点像它的近亲捷克皮尔森啤酒，是一种“缓解”口渴的啤酒，并且能和所有的美味佳肴完美搭配。

阿尔萨斯的葡萄酒：不凡的香味“调色板”

阿尔萨斯并不只有啤酒。一片美轮美奂的葡萄园在整个大区延伸开来，有将近 640 种葡萄酒，口感很柔和，耐人寻味，名副其实。新鲜的西万尼 (Sylvaner)，带着十足的酸味，适合十分口渴的人，与海鲜搭配最为完美。白皮诺 (Pinot Blanc，奥塞尔或克莱维内的)，香气浓郁，仿佛生长于皇宫，和小酒馆的菜肴搭配最恰当。麝香 (Muscat)，酒里有一股咀嚼新鲜葡萄的气味，能非常好地打开食欲。而浓郁且有强烈香气的琼瑶浆（Gewurztraminer），呈粉红色，是喜悦与节日的葡萄酒，最适合搭配鹅肝或甜点。葡萄中的贵族雷司令 (Riesling)，带有矿物质香味，有一点点“煤油”味，是十分优秀的葡萄品种。它的味道与那些能够衬托出其含碘特性的鱼类很般配。灰皮诺 (Pinot Pris) 曾经被命名为托卡依 (Tokay)，如今这个名字已经返还给了匈牙利（一种同名葡萄酒）。它有一股惊人的林下灌木香味和烟熏的酒味：它是阿尔萨斯白葡萄里颜色最红的，与白肉和野味最配。曾经是一度不受重视，被低估，甚至被瞧不起的阿尔萨斯黑皮诺 (Pinot Noir)，生长于石灰岩土壤里，如今终于轮到它争雄天下了。人们喜爱它酒香中的覆盆子、桑葚和柔和的蓝莓香气，还有四散开来的黑加仑的香气。而葡萄酒酿造大师们，像鲁法克市的雷讷·穆黑，贝尔甘的让－米歇尔·戴斯（酿造了名叫博朗波堡的酒），雷奥纳尔·泓贝列什（一种名叫 Herrenweg 的酒），阿伯曼酒庄的雷巴代尔梅（酿造了名叫克洛斯德拉花瑶的酒），凭借阿尔萨斯地区的葡萄，酿造出了能与集大成者勃艮第地区的美酒相媲美的罕见佳酿。人们会喜爱勃艮第的酒，是因为那时他们还没遇到强烈浓郁且新鲜的阿尔萨

◎ 在斯特拉斯堡的勒斯迪瑟尔 (Le Strissel) 小酒馆里，彩绘玻璃窗描绘了一家人围在啤酒旁的场景。雕画艺术盛行的时代，在人们日常生活中，一直以来的对话中，以及在地区文学作品中（尤其是《老好人弗里兹》中代表性的一些片段），吃好喝好占据着重要的位置。

斯葡萄酒。如今阿尔萨斯的葡萄酒扮演了餐桌上的全部角色，从节日庆祝的开胃起泡酒（很好的香槟替代品，用白皮诺或灰皮诺、雷司令，以及霞多丽酿造），到甜腻的贵腐酒，从餐前开胃酒到餐后消化酒，经过一顿饭的所有阶段，无论吃肉还是吃鱼，都能在阿尔萨斯品种众多的葡萄酒中找到合适的搭档。

很少有大区能够提供如此种类繁多的美食，带来如此多的愉悦，阿尔萨斯葡萄酒万岁！有了它们，节日变得如此灵动、大方而永恒！

不能错过，美味的酸菜炖肉

最好不要忘记酸菜炖肉不仅仅是蔬菜，也是一道配有不同种类猪肉制品和鱼的主菜。两种有着截然不同“肤色”的酸菜可以充当这道菜的主角：一种是棕色的白菜，经过长时间反复煮，会使其失去原始的酸味；另一种是白色的白菜，口感脆脆的，带有一点点颜色，人们一看到它就会产生想把新鲜白菜发酵制成酸白菜的冲动。这种将白菜制成酸菜的做法，保留其新鲜，提升了口感，且有助于消化。这种吃法是最流行的吗？这道阿尔萨斯风味或者科尔马风味的可口菜肴，是一种健康的吃法，一种力量的象征，也给了人们引以为傲的理由，而它首先是一个神话：这就是酸菜炖肉带来的一切!

夏特的欢乐小酒馆,是美食“艺术家们”(像汤米·盎热勒或者雷蒙 – 埃米尔·韦德里克)经常光顾的地方，并在此留下了许多不寻常的美食作品。夏特以酸菜为原材料创造除了他的一号佳作 :“酸菜炸春卷”。解释一下 : 酸菜当然是一种蔬菜——发酵的洋白菜——在成为主餐前，能够接受所有的搭配。而且，这种样子有点像亚洲菜的阿尔萨斯美食，是向边吃酸菜边修筑长城的中国人致敬，这一种富含铁的蔬菜给予了他们完成这项浩大工程所必需的能量。

果酱、炸春卷、冰淇淋，还有托尼·施内德曾经在阿森纳出售的烤塞维拉香肠(一种粗短香肠)配生酸菜沙拉，以及古伊 – 皮埃尔 · 伯曼的酸菜鱼和梅尔桂香肠(一种香料味道很重的细长香肠)配东方口味酸菜。这些都说明了发酵的洋白菜能够适合各种制作方法。它收获于 7 月中的斯特拉斯堡地区，随后整个秋天，人们摘去它们上层的叶子，“去除非食用部分”——也就是用机器去掉菜梗——随后切成细长的条状,将其放置在木桶中,通常是非常大的木桶,再加入新鲜白菜重量 2.5% 的盐腌制。盐利于白菜水分的渗出，并形成盐汤保护白菜不与空气接触。经过大力挤压的白菜完全密封,浸泡在木桶里,进行 15 天到 8 周的发酵。阿尔萨斯近郊的盖斯波尔塞姆市、布拉埃桑市，以及克罗泰尔热尔桑市的优秀酸菜手工制作者都是这样制作的。

阿尔萨斯酸菜炖肉不只有发酵白菜，大厨或食品加工者也要调配自己的香料。古伊 – 皮埃尔 · 伯曼，出生于森德戈地区的马格斯塔莱巴，曾在巴黎工作，后来重新开张历史悠久的斯特拉斯堡的卡梅泽尔府。他的香料包中至少包含 18 种香料!每个巧匠都在刺柏、肥肉、白葡萄酒、枯茗和甜洋葱的基础上革新着自己的秘方。

阿尔萨斯的酸菜，味道可以淡点或者干点，脆点或者软点，颜色浅点或者偏棕色点。有些人喜欢新鲜的酸菜——初秋新上的酸菜，也有人喜欢褐色的、辛辣的、陈年的。每个人都有自己的食谱,却没有人知道精确的用量。优秀的酸菜制作者——里菲尔、韦伯、保尔——精确地掌握了它们切片的厚度、形状大小和用量多少。他们中有些人是为了“想要观察井底真相而寻找水桶”的酒馆做来料加工的。和一些人的偏见恰恰相反，酸菜炖肉是易于消化的食物 : 酸白菜口感酸脆，能刺激胃部蠕动，富含酵母和氧元素。它有益于肠内运输，能够预防坏血病，富含维生素 C 和铁。人们将其用桶、铝罐或者真空袋包装保存(由猪肉制品大师——斯特拉斯堡的克雷

对于阿尔萨斯人来说，最好吃的酸菜炖肉？回答总是他母亲做的！虽说每个人都有自己的食谱，却没有人知道精确的剂量。

◎ 克罗泰尔热尔桑 (Krautergersheim)，酸菜首府的酸菜木桶。斯特拉斯堡卡梅泽尔府的酸菜炖肉。1870 年普鲁士占领阿尔萨斯后，阿尔萨斯移民在巴黎发起了抵抗运动，酸菜始终都是永不背弃自己传统的地区的象征。多洛特·穆勒 (Dorette Muller) 在斯特拉斯堡“开瓶器”小酒馆里的逼真而幽默的画作。

◎ 斯特拉斯堡的梅塞洛克酒馆。这个被重建的小酒馆（它的招牌在两步之遥的圣埃蒂安广场上，迷人的山雀历史雕像那儿）是塞德里克·穆罗的作品，东街 1741 号和 231 号的开瓶器酒馆也归功于他。菜单上，有地区特色菜肴，像传统的炖小牛胫肉。

恩一家，基恩，弗里克－吕兹，米卢斯的唐贝一家或者施密特，科尔马的戈拉塞尔，安热尔桑的希格曼——将其送到法国的四面八方）。阿尔萨斯酸菜始终保持着它要求严格而包容力强的特性，继承了它的故乡阿尔萨斯地区的特性，随着时代辗转在孚日山和莱茵河之间。“如果你拒绝了酸菜炖肉，就是拒绝了阿尔萨斯。”罗格·希费尔断言，他是创作型歌手兼小酒馆老板，在斯特拉斯堡老城中心一家老酸菜炖肉店里开了一个小剧院酒馆——“酸菜酒馆”。这里提供七种不同的酸菜炖肉，其中一种是红色圆白菜做的红色酸菜炖肉，另一种是“犹太”风格的，用辣根菜搭配的酸菜炖牛胸肉。

酸菜之路

从前有条路叫“酸菜之路”，然而这是句玩笑话。在阿省北部，菲利普·夏特，是离斯特拉斯堡机场不远的布拉埃桑市的小酒馆主人，在热斯波尔桑和克罗泰尔热尔桑腌酸菜场地中间建了第一个观测点（书面上叫“圆白菜之家”或“圆白菜之城”）。而在阿省的最南部，距离瑞士国境只有两步之遥的地方，托尼·哈特曼，在森德戈地区奥尔坦盖秀丽的村庄中心，经营一家叫“小奥尔坦盖”的茶室。这个地方后来消失了，哈特曼也迁走了。然而，人们永远记得他的酸菜冰淇淋和他用同样的酸白菜炖出的果酱！

斯特拉斯堡风味鹅肝酱面包

8 人份

800g 生鹅肝，1 咖啡勺多香果，150mL 干邑白兰地，1 盒马德拉果酱，盐，胡椒粉，1 个鸡蛋

做面包的面团：250g 面粉，125g 黄油，3 个鸡蛋，10g 酵母，一小撮盐，100mL 牛奶

前一天晚上，去除鹅肝中的神经。将鹅肝置入陶罐中，加入干邑白兰地、盐、胡椒和多香果浸泡 24 小时。准备做面包的面团，放置一个晚上充分发酵。

第二天，210℃预热烤箱。擀面。将鹅肝放入做肉酱的模具里。将面团合上以覆盖鹅肝，涂上蛋黄，在顶部留出一小条缝。

盖上一张烹饪用的铝箔，并放入烤箱烤 40 分钟。冷却面包。从小缝处注入果酱，并将其置于阴凉处，以待食用。

05

弗朗什 - 孔泰

黄葡萄酒之乡

这里是一片拥有悬崖、地盾，与瑞士的“法国之山”连绵在一起的和缓山脉，拥有美丽的蒙贝利亚特奶牛（产于法国的一种白底红斑奶牛）和熏肠的国度。这里有赋予库尔贝灵感的漂亮的盧河（杜河的支流），和灌溉了维克多·雨果出生地贝桑松的杜河。

◎ 左图：汝拉葡萄产区中心的阿尔蕾镇，让·布德里，黄葡萄酒的生产者，也是古旧酒瓶收集者，在他的酒窖里。酒庄于 1475 年到 1500 年间建立，是家族世袭了 15 代的酒庄，其中陈列的珍品是一瓶 1874 年的夏龙堡黄葡萄酒和 1815 年的稻草酒。

黄葡萄酒的奇迹

那还是在美食文学这个职业刚刚兴起的时候，《新文学》的年轻记者写道：我来到了多勒市，采访到了曾是糕点学徒的大作家贝尔纳·克拉韦尔 (Bernard Clavel)。借此机会，我邂逅了黄葡萄酒，配上孔泰奶酪和新鲜坚果一起享用，真是美妙至极！

黄葡萄酒的美妙与安达卢西亚的雪莉酒类似：是用本地区经典的萨瓦涅葡萄 (Savagnin) 酿制而成，有着新鲜核桃的味道。这种葡萄收获期很晚，通常要到 10 月底才能完全成熟。采摘压榨之后，黄葡萄汁要倒入 228 升的酒桶里存放于地窖中，注意不要完全灌满。它会被一层薄纱覆盖（附在葡萄酒上的霉花），使其完全不被氧化。然后葡萄酒要在酒桶里进行长达六年的陈酿，以至三分之一的酒都蒸发掉了。它的酒瓶是一种叫“克拉弗兰”(Clavelin) 的特殊酒瓶，仅有 660 毫升的容量（也就是说在蒸发前有 1 升）。酒瓶经过很长时间，依然留有浓郁的混杂着新鲜生核桃、蜂蜜、香料和杏仁的香气。“黄葡萄酒，就是黄金，也应以黄金的价格出售。”亨利·迈赫在 20 世纪 60 年代大力推广这种葡萄酒时说道。

罕见的酒，昂贵的酒，珍稀的酒，它是这片美丽土壤上酝酿出的果实，这里也出产用普萨葡萄 (Poulsard & Ploussard)、特卢梭葡萄 (Trousseau) 和黑皮诺酿造出来的红葡萄酒，以及干白葡萄酒（霞多丽葡萄和萨瓦涅葡萄酿造而来）。也别忘了罕见的稻草酒，是用自然风干的葡萄，和故意留在稻草或葡萄藤上使其枯萎的葡萄，待其过熟时再采摘来酿造而成的葡萄酒，它的气味是如科林斯葡萄 (Corinthe) 般令人陶醉的香气。这些酒都是汝拉产区“醇厚的珍宝”，尤其是瓦特县 (Voiteur) 的夏龙堡 (Chateau-Chalon)，黄葡萄酒的福地，以及阿尔布瓦（Arbois）地区蒙蒂莱萨尔叙雷村庄（Montigny-Les-Arsures）的普菲尼酒庄（Puffeney）、洛奈酒庄（Lornet）、天梭酒庄（Tissot）和皮皮兰酒庄（Pupillin），都在阿尔布瓦附近。

其他的特色：
利口酒、蒸馏酒、低度酒

很长时间以来都被查禁的蓬塔利耶市的苦艾酒，由被标记为活遗产企业的古伊

酒厂恢复了其地位。弗朗索瓦·古伊 (Francois Guy)，家族酒厂的第四代继承人，以合理合法的理由说服了政治家解禁了苦艾酒，并为其能得到 IGP 标识而奋斗。苦艾酒是由绿茴芹与十几种芳香植物混合在一起，加水加糖蒸馏而来，随后在橡木桶里放陈。这一“灵药”度数在 45°～75°，曾被禁了近一个世纪——酒中的“绿仙子”激发了众多诗人的想象力（魏尔伦和兰波都是它的忠实消费者），也使画家们变得疯狂（比如梵高）。苦艾酒直到 2011 年才重新得到许可。

蓬塔利耶——茴芹（45° 茴香开胃酒），龙胆酒（和 16° 的 Suze 龙胆酒是同类），野草莓利口酒，龙胆利口酒，桑葚利口酒，蓝莓利口酒，香梨利口酒，杉木利口酒，也同样受到了当地蒸馏酒师的青睐。他们也十分认真而精细地制作蒸馏酒：香梨酒，樱桃酒，黄香李酒，李子酒。哪一款堪称当地的骄傲呢？上索恩省富日罗勒市的樱桃酒。1864 年，奥古斯特·博罗在弗朗德－孔泰区的孚日山脚下，一个叫富日罗勒的村庄里建立了他自己的蒸馏酒厂。这个村庄被大批果园环抱，水也非常清澈，是家喻户晓的好地方。当初忙于水果和蒸馏酒事业的有五十多家，如今只有四家存留下来，并以每年 4400 升的产酒量垄断了市场。

如今，大部分樱桃都来自塞尔维亚，在那里，博罗庄园有 250 公顷命中注定的品种优良的黑色樱桃，名叫奥布拉钦斯卡。收获的果子在原产地浸渍，再运回富日罗勒包装，装在广口瓶里卖给全球最好的糕点店和巧克力店。“它是樱桃中的劳斯莱斯”，果酱女王克里斯蒂娜·菲贝尔表示。塔伊旺餐厅，长时间以来一直向客人提供富日罗勒樱桃，配上香草也叫焦糖冰淇淋。而在博罗家的蒸馏酒厂，人们同样忙于蒸馏酒事业，比如对黄香李、李子、大紫李、梨、覆盆子的蒸馏。

大区的明星：奶酪

在这里，人们除了忙于酿酒水果的种植和酿造外，也致力于大区的旗舰产品：奶酪。处于第一位的是以大区名字命名的奶酪——孔泰奶酪。这一奶酪是冬天的水果，在严峻的季节，由农民们精心制作而成的。从中世纪起，蒙贝利亚尔市和隆勒索涅市的农民就开始把他们保存下来的奶酪加工成“干奶酪”。只有巨大的体积才能满足所有的家庭在这寒冷季节里的温饱需求。随着时间的推移，孔泰奶酪的改进和长期保存使其能够方便出口，用于伟大的货币兑换。

弗朗什－孔泰的奶农们合作建立“干酪制作工厂”，一起生产了直径63厘米，重达约42千克，用500升牛奶做成的大圆柱形奶酪。其特性、品质，历经8个世纪的历史，使得孔泰奶酪成为1958年第一批享有AOC标识（原产地命名控制标识）的奶酪。这种硬质熟奶酪，以法国蒙贝利亚尔奶牛或西门塔尔奶牛的奶做原料，闻起来带有水果、榛子和草的味道，与萨瓦涅黄葡萄酒搭配最佳，可以简单地单独食用，也可以做沙拉，甚至可以做奶酪火锅。仿佛被施了魔法。18个月到30个月的发酵成熟期给予了它芬芳与上乘的香气。大区的另一个明星：金山奶酪，或者牛倌的乐事。人们给这种含奶油多的水洗纹软膏状牛奶酪起了个外号,叫“夜店”。上杜省的农民从18世纪开始就用更罕见的冬天的牛奶制作，说罕见是因为牛在这个季节都已经回牛棚了。曾经冬天的牛奶都是预留做金山奶酪的，而春天和夏天的牛奶都用于制作更为高贵而有名的孔泰奶酪。

有个传说，1871年，一个法国士兵在布尔巴基将军（皇家禁卫军军长）指挥的东部军服役，撤退时把金山奶酪的制作方法传给了瑞士的煤炭商。奶酪的名字来自“金山”，海拔1463米，是杜省的最高点。它在法国享有AOC标识，以其圆形的外形和用云杉带子缠绕的圆箍而被人熟知。生产1千克金山奶酪需要7千克的牛奶。它的制作随地区而

◎ 右图：a. 形状特别的莫尔托耶素香肠，被认为是汝拉地区最好吃的香肠。b. 杜省的梦博棕饼干。c. 皮埃尔・巴索－摩罗在日尔米涅酒庄做的黄葡萄酒小麦羊肚。d. 在莫尔托，列姆庄园的“老莫尔托”柠檬水。e. 汝拉省阿尔布瓦地区的葡萄。f. 在博姆河畔格朗热，埃尔维・布莱鸡肉奶油。g. 同一个埃尔维・布莱的莫尔比耶奶酪。h. 在蒙特勒邦，梅克斯－拉格尔阁楼农庄的焗香菇。i. 让－弗朗索瓦・马尔尼耶和他的孔泰奶酪。

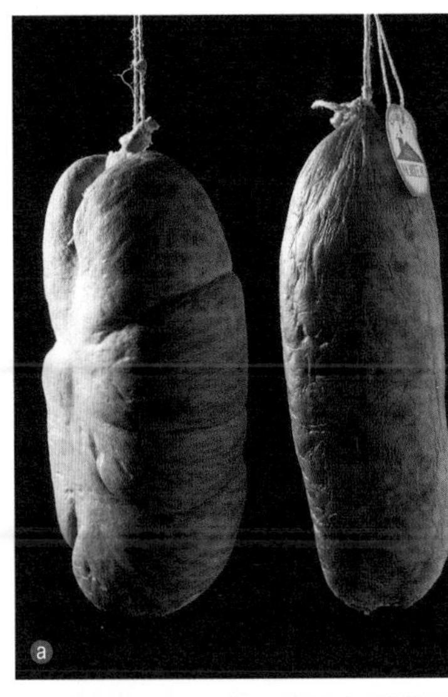
a

LE ROI DES DESSERTS ET LE DESSERT DES ROIS
VERITABLES
MONTROZON
BISCUITS
BISCUITERIE LANTERNIER
Doubs
b

c

RIEME
MORTEAU
LIMONADES
LA
MORTUACIENNE
PUR SUCRE
d

e

f

g

h

i

◎ 建于1880年圣安托万，位处1100米的海拔高度，曾经是军事堡垒，1966年改建成孔泰奶酪的精炼窖。有大石块堆砌的拱形顶的通道，覆盖着一层厚厚的土层，为山里合作生产厂的特级奶酪在自然环境下长期精炼提供了理想的条件。在这张照片上，我们看到的是奶酪在成熟过程中进行翻面。

稍有不同。法国金山奶酪用的是生牛奶，而瑞士用的是经过杀菌的牛奶。“上杜省的金山奶酪不失味道，却也不夸张。因此，它让所有人都能满意。”玛丽－安娜·康坦，这个巴黎“三月田”总店充满热情的奶酪商写道。它是冬天的特产，也是那种可以一家人用一个大勺子品尝的奶酪。

我们还要记下来的是：热克斯青纹奶酪 (Gex)，带青斑的牛奶奶酪，也叫塞蒙塞青纹奶酪 (Septmoncel)；康库瓦约特奶酪 (cancoillotte)，由最初的原材料（迈东奶酪）融化，加上凝乳块，制成的稠度介于胶状和塑料状之间的美味奶酪加工品；最后还有美味的莫尔比耶奶酪 (morbier)，很容易从它的炭黑斑痕（事实上是植物炭）上识别出来，是硬质未熟奶酪。漫长的成熟工作，是奶酪制作者的任务，也是大区里奶酪精炼工人的任务，比如：里奥奈尔·博迪特接手了他的祖父米歇尔开创的奶酪事业。他在蓬塔利耶附近，上杜省最好的面团产地，圣－安东尼镇的卢考特堡的地窖里，十分细心地看护着奶酪的成熟。使用 5 个奶酪制造工厂生产的 35 种不同的牛奶制作而成的孔泰奶酪，还有汝拉地区的多姆奶酪、金山奶酪、热克斯青纹奶酪，与其他大区的奶酪和黄油一起，并排陈列在城市漂亮的商店里。

马尔索特樱桃酒

大腹瓶装的陈年蒸馏酒，不同品种的樱桃酒，是盧河高谷，美丽的穆迪艾尔－奥特－皮埃尔村的荣耀。马尔索特的合作生产厂生产的樱桃酒，是法国最稀有，也是最原汁原味的樱桃酒之一。从 18 世纪起，这里盛产果树的区区 9 公顷土地已是众所周知。1911 年当地成立的合作生产厂，每年会收购 100 吨樱桃，使得樱桃酒在好年份里产量达到了 900 万升。它是一种稀有而高质量的酒，酒里带着苦杏和成熟蓝莓的香味，酒精含量 50°，通常作为消化酒小口抿，也被糕点店用作给孔泰奶酪火锅添加酒香。没什么可多说的，一定要试试。

弗朗什－孔泰地区的烹饪艺术

弗朗什－孔泰地区的烹饪懂得巧妙地利用当地食材：河里及池塘里的鳟鱼，当地饲养的蜗牛，布雷斯禽类（布勒特朗一侧的），等等。同样，阿尔布瓦的让－保罗·热奈，在其父亲、地区传统产品大使的鼓励下，将巴黎大酒店改造成了一个现代化的孔泰风格橱窗。

1980 年，让－保罗指挥改造巴黎大酒店，他减少了旧有的传统，增加了孔泰当地的特色食品，使其焕然一新。三十年前，他曾是米奥奈市的夏培尔、马热斯市的库索、罗昂市的特鲁瓦格罗的学生，在巴黎的玛莱大酒店和博里奥的黑塞尔维酒店工作过，曾接受过艰苦的磨炼，随后怀揣着以他的方式改进当地烹饪的想法，重回故里。一路上他找寻草药，就像拉吉奥乐的布拉斯，安纳西市、维里耶市和马尼戈市的维拉，以及圣博内莱弗鲁瓦市的马尔贡一样。草药学校的第四个火枪手，就是阿尔布瓦的让－保罗·热奈。内敛而腼腆的天才，长着"机灵"的小胡子，从不缺少想法。想去发现他，就要相信他的菜单"月份景象"（如夏培尔所说"米奥奈景象"）。富贵羊肚菌鸡汤配水煮下木香料鹌鹑蛋，维也纳风味蛙腿配帕尼斯风味蒜香鹰嘴豆，西芹，（非常棒的）萨瓦涅黄油炖白鲑小萝卜火锅，为一直以来的孔泰菜带来了新鲜想法。除了香烤焦糖小猪肉配莫尔托耶素香肠土豆猪肉卷，它的喇叭菌、白菜汁、刺柏黄油汁，和壮观的当地奶酪拼盘都是很清淡的。当地的好酒，比如拉柏酒庄 (Labet) 的霞多丽葡萄酒，普菲尼酒庄 (Puffeney) 的萨瓦涅葡萄酒，特卢梭"大葡萄"酒，阿维耶酒庄 (Aviet) 的"地质学家"红酒，都可以用来搭配这些菜。也可以用马克勒酒庄 (Macle) 的"夏龙堡"葡萄酒，或者皮皮兰酒庄 (Pupillin) 不同寻常的博尔纳尔 (Bornard)"混乱酒"，它与辣黄酒泡过的苹果做的甜点搭配，再配上天然肉冻、果味冰淇淋和核桃软饼干，好到了极致。

传奇的熏肉制品

众多的肉类半成品也同样成就了弗朗什－孔泰。像布雷兹咸熏肉，薄片状的熏

这里的空气很好，它抚摸着肉；燃烧含树脂的树叶将其熏干。山里的人们曾一直抱着“冬天要和夏天吃得一样好”的信念。

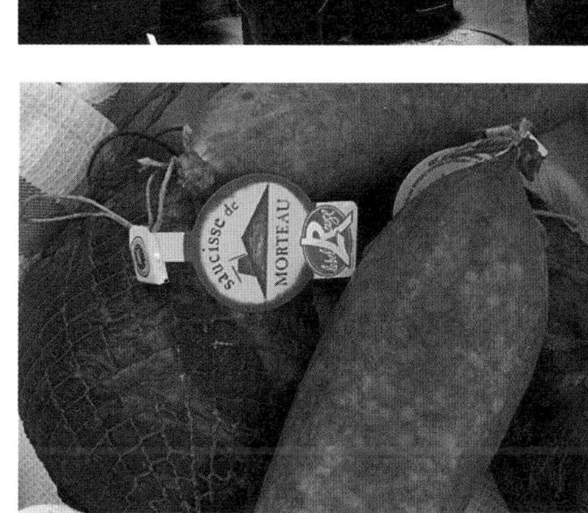

◎ 大孔博沙泰勒的现役熏制房。莫尔托附近，路易・巴尔陶在他自家带熏制房的农庄里。在这里，只为拿来要熏的火腿和香肠的朋友服务。莫尔托香肠正是从莫尔托的肉制品商让－克里斯多夫・布埃莱家的熏制房里制作的。

牛肉，与格森咸肉和意大利的腌牛肉片同出一辙；冈多谣香肠 (gandeillot)，上索恩猪肉香肠，同孚日的冈多谣香肠很像；吕克瑟伊莱班火腿，浸泡在红酒中腌制的，少盐；上杜省熏肉；蒙贝利亚特牛肉，当然还有莫尔托香肠，法国最好的肉制品之一。

在蒙博努瓦修道院和莫尔托市之间，朝着大孔博沙泰勒方向的高原上，生产美味腌制品的农庄就在那里——农庄的核心。它的大顶棚内是木墙和烟囱：像长管子一样，有层双门，需要密码才能打开。它的名字 tuyé 或 tuhé 也是这么来的（和法语里的 tuyau〈管子〉一词很接近）。

起初，人们在这里熏火腿精肉、干肉、香肠。长时间以来，达米安和皮埃尔·菲维尔都是这些产品最好的大使。皮埃尔是“莫尔托香肠制造商”这一称呼的领军人物。

这里的空气很好，它轻抚着肉；燃烧含树脂的树叶将其熏干。这是最简单的保存方法，山里的人们曾一直抱着“冬天要和夏天吃得一样好”的信念。过去，人们杀猪纪念圣·马丁，给好的猪肉“穿上衣服”以备冬天。还有——哦，美好的耶素香肠——人们圣诞节时吃的猪身上最好的肉。规则？在 600 多米的海拔高度，简单说就是室外，在上杜省一大片有原产地控制命名标识的土地上，从穆特到迈克，从南到北，接生小猪，饲养，宰杀。11 个生产商都被仔细地认定在同一个红色标签（法国质量认证标签）下。莫尔托香肠：不外乎剁碎的猪肥肉和瘦肉（77% 的上好原材料），仔细灌肠，在山上的熏制房里长时间熏制而成。

◎ 右图：让－保罗·热奈和他的莫尔托耶素香肠供应商在熏制房里。这位大厨是阿尔布瓦地区的象征，最好的大使和领导者。20 世纪 80 年代起，他在草木烹饪方面就已崭露头角。他减少了旧有的传统，增加了孔泰当地特色食品。然而，在他的菜单上总是会有著名的黄酒羊肚菌炖鸡，这道菜曾是他父亲安德雷的招牌菜。

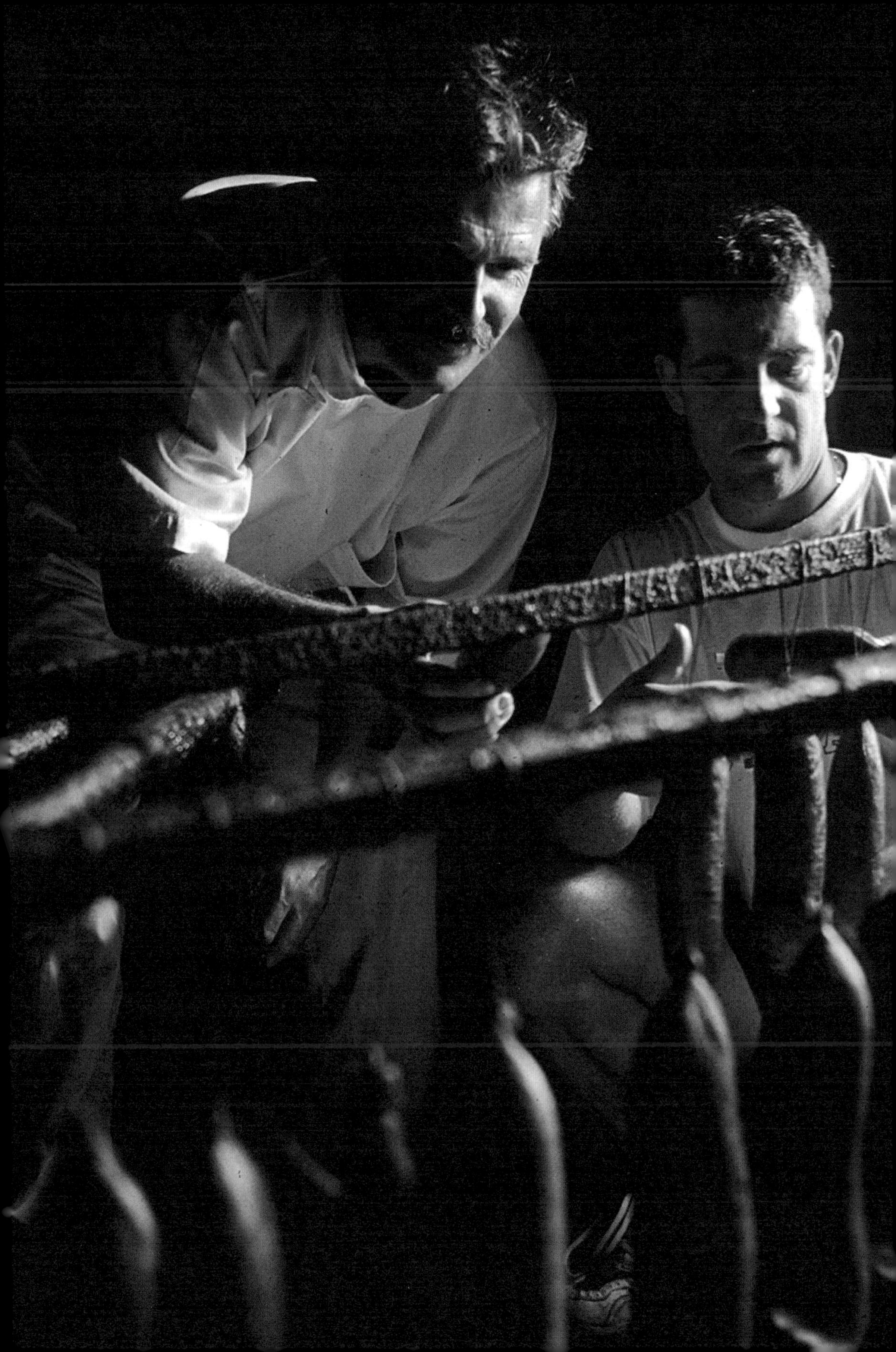

耶素香肠（把“耶稣”一词去掉s，避免不好的误解，而遗憾的是，这种误解经常出现）香肠，更粗更厚更圆的香肠：用小肠来灌。“比起红肠，行家们更喜欢这种香肠：体积更大，也更软，更为可口。”皮埃尔·菲维尔说道。他如今已结束了这段工作生涯。

还有其他几个让这种香肠出名的人：阿德里安·布埃莱，莫尔托高地上以及村落中的第一位领头人，谨慎的手工艺人；他的儿子让－克里斯多夫重续了他的事业，是第五位一把手；还有帕琵·嘎比·马尔盖，以及他的两个儿子克劳德和吉拉尔。他们在“红色标签”外工作，在面朝大山和森林的吉雷高地上，创建了一个有巨大熏制房的庄园，值得前去参观。

您有权利品尝烟灰香肠、布雷兹咸熏肉、火腿精肉，甚至胡椒肠。耶素，和莫尔托香肠一样，只能烹饪后食用。它们采用同样的烹饪方法，放入汤汁中，加入百里香、月桂、干白葡萄酒、香芹和洋葱片。在维莱尔莱拉克市的德罗兹家，是用刺柏浆果浇土豆来做配食，在蓬德拉罗什（莫尔托附近）的菲利普·费维里耶家，是配甜菜泥千层饼，或者简单地按传统风味，配孔泰奶酪丝面包汤和扁豆分葱沙拉。我们也用有卷心菜、猪膘肉、大葱和土豆的孔泰蔬菜炖肉来做配菜。

黄金法则是什么？一定不要扎破香肠或者耶素香肠，无论是吃之前还是吃的时候：这样做会使汁水流出，味道流走，之前熏制的香气和其特别之处也会消失。坚韧而柔弱，就像汝拉山和它的盲谷，上杜省和它的河谷，莫尔托香肠——也被称作“莫尔托美人”，在莫尔托也被叫作“优质香肠”——需要耐心，一定的技巧，对味道的感受，毫无疑问，就是对美好事物的热爱。没有别的了，这里的莫尔托香肠只是简简单单的自然的产物。

青豆炖莫尔托香肠

克里斯蒂安·科林
“科林家”餐馆
HAUTERIVE-LA-FRESSE

4 人份

1 根莫尔托香肠，150g 肥猪肉块，500g 绿豆，3 个洋葱，2 根胡萝卜，2 根丁香，1 捆调味香料，25g 猪油或黄油，一小撮多香果，胡椒。

2 个洋葱去皮，切片。胡萝卜削皮，切成和肥猪肉块一样大的小块。用平底锅烧热肥猪肉块至表面金黄。调小火，加入洋葱，小火融化至半透明状。加胡椒。

洋葱融化后，加入 1L 凉水，加入绿豆，去皮插着丁香的第三个洋葱，一小撮多香果和调味香料。水煮开后，小火炖 1 小时。40 分钟后搅入莫尔托香肠，盖上锅盖，待其煮熟。

06

勃艮第

他们以自己是勃艮第人而自豪

勃艮第地区，是第戎，那里的芥末，那里的香料面包；是尼伊（Nuits），热夫雷（Gevrey），博讷（Beaune），优质葡萄酒，济贫院；是讷韦尔（Nevers）和那里的尼格斯糖，一种硬罐装的软焦糖，茹瓦尼市的让－米歇尔·洛莱恩给它起了另一个名字，叫达格玛。还有，别忘了莫尔旺（法国中部高原地区）……

◎ 左图："这是 1991 年，在荣耀顶峰的贝尔纳·卢瓦索获得了米其林三星主厨称号的时候。我们一整天都在打猎、钓鱼，为一些杂志社拍照。随后他躺在草地上，嘴里含着草，看上去很幸福。晚上他做了好吃的，并大声喊着：'伙计们，开吃了！'贝尔纳·卢瓦索于2003年离开了我们。我们想念你，亲爱的贝尔纳。"——莫里斯·胡治蒙（Maurice Rougemont）

他们以自己是勃艮第人而自豪！

当我写勃艮第篇章时，眼前浮现的是贝尔纳·卢瓦索满面春风的笑脸，比我小两个月的同母异父弟弟，我的朋友，也是我刚开始美食评论生涯时认识的第一位大厨。我理应写下他的搭档们：茹瓦尼市的让-米歇尔·洛莱恩，约讷省的韦兹莱附近的圣佩尔市的马克·莫诺，科多尔省沙尼市的雅克·拉姆鲁瓦兹，迪古安市的让-皮埃尔·碧鲁。在他重返第戎后，先是在克劳什餐厅工作，然后来到佩奥科莱克餐厅，最后到了布雷斯地区沃纳斯的乔治·布朗餐厅。

他是奥弗涅人，却选择了莫尔旺——这片有大量花岗岩的石灰质土地，是法国最后一个因狼而出名的大区——为了在法国中心的勃艮第地区，成为深入人心的法国美食家。而在2003年，他用猎枪悲壮地结束了自己的生命。

这一悲剧让人们震惊，也困惑，一晃已是十多年。这么好的活生生的面孔下隐藏着重度神经抑郁，这是真的，但他怎么就能抛弃这个他曾带来了如此多欢乐、笑容与赞美的世界呢？贝尔纳从未停止过向外推广莫尔旺的牛、湍流里的鳟鱼、当地的蜗牛，他曾用野生荨麻进行烹调，还有泉水或池塘中的梭鲈。他曾用红酒、第戎黑加仑，以及博讷丘(Côte de Beaunne)或者夜丘(Côte de Nuits)的特级酒来烹调。

少了他，地球仍在继续转动，勃艮第地区的美食声望也不会随他湮灭。然而，他曾为这里的美食事业带来无数天才的想法，做出了很多无私的贡献。他的音容笑貌会永远留在这里，他高大的形象成为勃艮第人表达自豪的美丽措辞，节日时伏旧园和其他庄园仍会为他唱颂。

极富盛名的葡萄种植园

每年，在圣文森特酒节上，人们会庆祝勃艮第的美食和国王般的葡萄酒。（圣文森特是葡萄庄园神圣的保护神。——译者注）人们叫这种豪华的特级酒为“快活之酒”，而波尔多葡萄酒是“严肃的酒”“严格的酒”。我们也会说“波尔多酒是中产阶级的酒，而勃艮第的酒就是贵族酒”；或者是“勃艮第的酒是嗅觉上的酒，而波尔多酒是视觉上的酒”。波尔多葡萄酒是由多种葡萄（赤霞珠、品丽珠、梅洛、味而多）混合在一起酿造而成的，而勃艮第葡萄酒来自单一葡萄品种：白葡萄酒用霞多丽（有时候用阿里高特葡萄，或者圣布里苏维尼翁）酿造，红葡萄酒用黑皮诺（或者伊朗西的恺撒葡萄）酿造。果香浓郁，酒体轻盈，带着成熟的山野气息：这是几个对于它的形容。由北及南的庄园里，酿造出的酒都是纯粹而独具风味的。

夏布利 (Chablis) 葡萄园的白葡萄酒高贵而热情，下面的庄园有不少特级和一级庄园（布兰索园〈Blanchot〉、宝歌园〈Bougros〉、克洛斯园〈Les Clos〉、格雷诺耶〈Grenouilles〉、利贝斯园〈Les Preuses〉、瓦慕〈Valmur〉、维迪斯园〈Vaudésir〉）。夜丘 (côte de Nuits)。从马沙内丘 (Marsannay–la–Cote) 到夜－圣乔治 (Nuits–Saint–Georges)，一路上有很多名声响亮的庄园：菲尚 (Fixin)、热夫雷－香贝天 (Gevrey–Chambertin)、莫雷－圣德尼 (Morey–Saint–Denis)、尚博勒－穆西尼 (Chambolle–Musigny)、柏内－玛尔 (Bonnes Mares)、武若 (Vougeot)、沃思恩－罗曼尼 (Vosne–Romanée)、弗拉热埃谢佐 (Flagey–Echezeaux)、罗曼尼 (Romanée)，和以香气怡人而著称的罗曼尼－康帝 (Ramanée–Conti)、夜－圣乔治 (Nuits–Saint–Georges)。

博讷丘产区的酒带有更浓厚的果香，白葡萄酒（默尔索〈meursault〉、高登－查理曼〈corton–charlemagne〉、夏山〈chassagne〉、巴达〈bátard〉、普利尼－蒙哈榭〈puligny–montrachet〉，或者最被低估却不乏其价值的圣－欧班〈saint–aubin〉）惊艳，红葡萄酒也讨人喜欢：拉都瓦（ladoix）、佩南－维哲雷斯（pernard–vergelesses）、阿罗克斯－高登（aloxe–corton）、博讷（beaune）和它的子酒庄（肖瑞〈chorey〉、萨维尼〈savigny〉），还有沃尔奈（volnay）、波玛（pommard）、蒙特利（monthelie）、桑特奈（santenay）、马朗日（maranges）、欧克塞－迪雷斯（auxey–duresses）。

夏隆丘产区下的酒庄，从沙尼 (chagny) 以南，有吕利 (rully)、梅克雷 (mercurey)、吉弗里 (givry)、蒙塔尼 (montagny)、比克西 (buxy)，这里的酒值得用心品尝，大区南部的酒、马贡地区的酒也一样要用心品尝，比如：普伊－富塞 (pouilly–fuisse)、罗什 (loché)、万泽勒 (vinzelles)……

黑醋栗甜酒和其他利口酒

大区其他的珍宝还是围绕着酒：利口酒、蒸馏酒，比如玛克白兰地（蒸馏果渣，也就是说葡萄发酵后的渣滓、果梗、果皮和果核）、果子酒（混合葡萄汁和葡萄果渣）、大紫李利口酒和勃艮第精酿白兰地（蒸馏葡萄酒和果渣）。在这片如此惹人喜爱的广阔土地上，带着酒香的勃艮第地区也有酿造利口酒的朋友们。他们是布迪埃、卡尔顿、乐杰－拉古特和艾里提耶·古耀。第戎市市长、议事司铎基尔，喜欢在他每天当作开胃酒的白葡萄酒里掺入黑醋栗甜酒一起喝。这种小小的红色浆果是上夜丘地区质朴的女王。人们并不吃惊这种带有自然的甜味，又有一点点酸的漂亮的暗色水果，且会与勃艮第大区的中心城市联系在一起。

这些利口酒生产者，从 20 世纪起就将这种水果浸泡在酒精里。布迪埃酒厂，1874 年由伽布里埃创建，1939 年起由巴托家族管理，是最后的精心生产黑醋栗甜酒的手工酒厂之一。而夜－圣乔治的卡尔顿酒厂，也于 1882 年开始酿造黑醋栗甜酒。酒厂的别致在哪儿？一瓶瓶当年的新黑醋栗甜酒，反映了刚刚采摘的水果的精气神，它们在充足的阳光下成长，7 月份收获。通过滗析的方法找寻水果最好的味道，就是压榨果肉得到果汁，耐心地浸泡，加入中性的甜菜糖：这就是酿造中的一点小秘密。

◎ 右图：a. 在热夫雷－香贝天，古伊·雷布萨门的酒窖，由他的女儿打理。b. 贝尔纳·卢瓦索厨房里的铜质果酱盆。c. 欧塞尔的皇宫小酒馆里，约瑟夫·卡里诺的漂浮之岛（甜点）。d. 亚历山大·杜曼尼画像下的贝尔纳·卢瓦索，在他于索里奥接手的饭店里。e. 博讷法罗芥末厂里的芥末和芥末籽。f. 古伊·雷布萨门在热夫雷。g. 当地产的黑醋栗甜酒。h. 在贝尔纳·卢瓦索餐厅的杜曼尼大厅，打开的账本正翻到这位大厨出生的那一天。i. 以其 5A 级香肠著名的马克·科林，在他夏布利的肉制品店前。

VINS
VENTE
A
EMPORTER
a

b

c

d

e

f

Crème de Cassis
de Dijon
Liqueur
EDMOND BRIOTTET
DIJON . FRANCE
g

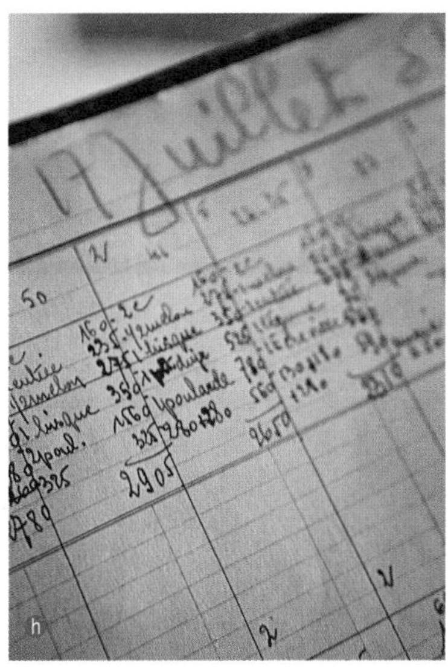
h

Charcuterie
AAAAA
ANDOUILLETTE
DE
CHABLIS
Marc COLIN
i

第戎货真价实的香料面包

第戎另一个美食的荣耀，是它的小圆饼形的香料面包。“在法国，因最为精细有名的香料面包是第戎的香料面包”，1900年出版的《大百科全书》里这样记载。勃艮第的这座城市里有12家工厂，每天生产3吨香料面包。如今，穆洛与博迪让工厂被他下面的子厂奥热尔替代，垄断了市场。布苏埃广场上的面包店，单单为了其中世纪风格的店面外观，就已不枉前去一遭。而它的香料面包，茴香香的和柠檬香的，各种各样的形状（大粗面包、片状面包、果酱馅的、小巧的），值得人们为之停留。奥热尔面包店是穆洛与博迪让面包店的第二家连锁店，唯一的区别是：香料面包是香橙味的。制作的秘密是什么呢？将蜂蜜小麦做基底的面团揉十分钟左右，静置片刻，再稍事修补，使其柔软。混入鸡蛋、酵母、香料（茴香、柠檬、橙子）。根据想做成的样子，冰冻的、夹心的、涂果酱的，烤上几分钟到两小时不等。方法是始终如一的。目的：制作出昔日口味的香料面包，招待大大小小的客人。

弗拉维尼的美味茴香糖

奥泽兰河畔弗拉维尼市，在奥索瓦的高地上，与恺撒征服高卢的阿莱西亚紧邻。在那次历史围攻战中，罗马救济院就建在这里。为了重新恢复病人的气力，一名外科医生在那里种了些小茴香。随后，这些茴香变成了糖。1632年，圣于尔絮勒会的修女们定居在弗拉维尼，并开始用这种小茴香做糖：将茴香籽用糖衣包裹起来，渗入水，随后再干燥。接着仔细添加橙子花或玫瑰花。工艺与我们今天的制作工艺相同。让·图巴，出身于一个磨坊世家，1923年从伽利马尔家族手中买走了曾经属于修道院的工厂。之后，他有了在火车站的自动贩售机里出售这种彩色画长方形铁盒的想法。他重新用铜质的桶生产茴香糖，建立系统化的制作标准，并开发了13种香味。卡特琳娜，让·图巴的孙女，热情满满地管理着工厂。24名员工在她手下延续着传统，守护着栖息于此的修道院，甜甜的味道在漂亮的小巷子里弥漫开来。

食谱跨越了时间。穆洛与博迪让家，有着昔日味道的香料面包，依然招待着大大小小的客人。

◎ a. 第戎的穆洛与博迪让家制作的香料面包。b. 香料面包被摆放在能吸收潮气的古旧的木柜里。c. 我们能看到面包上的小雕像，猪和驴形的面包，粗面包，圆面包。

◎ 在弗拉维尼工厂里，制作好的茴香糖球正等待被包装到著名的画着一对牧羊人的金属小盒里。

很显然，这里还有芥末酱

第戎芥末酱的美名如今已享誉全世界了，无论是手工制作的还是机器加工的，都是一样的好。以磨碎的黑芥颗粒，酿酒用的葡萄汁，和用未成熟的葡萄榨取的酸汁，精巧地混合在一起的混合物为基础，再加上若干种香料，装入芥末罐中，经常也是醋瓶中。作为葡萄酒的国度，勃艮第为芥末酱的制作提供了新酒或醋。在圣－路易时代，第戎芥末酱已经享有了极高的声誉，法国皇后收到的专属于她的芥末酱，正是来自勃艮第地区的这座中心城市。

芥末酱，中辣、特辣或者微辣，是由所选原料、制作工艺以及它的颜色决定的，

◎ 左图：比尤家的芥末黄油，用来做芥末梭鲈。这种酱汁也可以用来浇白肉和烤箱里烤的土豆。

◎ 上图：在博讷市的法罗芥末厂，放在木桶里的第戎芥末酱的存货。“艾德蒙·法罗”创始人的孙子马克·德萨梅尼安，让全世界都认识了他的芥末。

芥末酱的制作已然成为一项尊重产品味道的产业。不同的生产者都有不同种类的混合品来调配自己的芥末酱，这使得不同人做出来的芥末酱散发的味道也不同，有时是分葱味道，有时是青胡椒或者龙蒿、藻类等草木味道。它们中的明星是博讷的艾德蒙·法罗牌。创始人的孙子马克·德萨梅尼安，和一个人数有限的团队一起延续着这个传统，将芥末酱装在巨大的橡木桶中精心调配。深棕色的芥菜籽在被压缩成碎片前，浸泡在加有盐和水的白葡萄酒醋里。这种辛辣的芥末，呈浅浅的奶油黄色，配得上昔日的盛宴。

勃艮第蜗牛

勃艮第蜗牛有真有假。不到35毫米的小灰蜗牛(Helix aspersa aspersa)，和40～55毫米的大灰蜗牛(Helix aspersa maxima)，都比真正的勃艮第蜗牛要瘦一些。勃艮第蜗牛，学名*Helix pomatia*，通常被称为大白蜗牛。成年蜗牛身长40～55毫米，重25～45克，这种蜗牛只喜欢勃艮第地区。它们吃新鲜的植物及其残渣，需要含钙质的土地来保护它们的壳，它们冬眠时要躲在壳里。自1979年起，禁止在其产卵期收集蜗牛，也就是4月1日～6月30日（含4月1日和6月30日）。而一年里剩余的时间，收集野生蜗牛是被允许的。在法国，大多数食用的蜗牛都来自人工养殖。不管怎么说，人们喜爱蜗牛带着草香的细致和松脆的口感，它可以加上香芹、大蒜、黄油和分葱一起烹调。做成饺子，直接带壳烹饪，抑或撒上面包粉烤得松脆可口，就像贝尔纳·卢瓦索曾在科多尔省的索利厄市将其做成零食供应。它可以搭配一种有活力的、带果味的、轻盈的白葡萄酒。夏布利酒类型的酒，是它们的天然伴侣。

◎ “古伊与家庭”餐馆，古伊·雷布萨蔓做的香芹炖蜗牛。他的哥哥弗朗索瓦，劳工部部长，曾是第戎市参议员。而他，是个好动、爱发牢骚、喜欢喝酒的弟弟，也是葡萄酒专家，以及优秀的旅馆主人。他的香芹炖蜗牛能配番茄酱。

各种各样品质出众的产品

肉制品也是勃艮第美食的一个重要篇章。举些例子吧，如德吕干香肠，它是弗朗什－孔泰耶素香肠的同类，夏布利或克拉姆西的香肠，是用猪小肠做的（体内的细肠），烤猪肝片，莫尔旺风干肠，干火腿——贝尔纳·卢瓦索大加夸赞的阿尔勒夫市的杜塞尔家。别忘了当地的明星：洋香芹火腿冻，混合了猪瘦肉、猪肩肉、肉冻，以及从它名字就能看出来的香芹。勃艮第人也叫它“复活节火腿”，因为他们的传统是在复活节期间制作和销售这种火腿。火腿慢慢得以向外推广，变成了第戎和博讷两市间肉制品艺术的象征。大厨们和第戎优秀的肉商都开始做这种火腿，比如埃菲尔大街上的让－弗朗索瓦·弥堂希，还有菜市场里的第戎下水铺的让－弗朗索瓦·莫雷，他从不斤斤计较。除了肉制品店以外，也有来自毗邻的土地上的肉类（夏洛莱牛，和索恩－卢瓦尔省与莫尔旺的牛一样出色，布雷斯的阉鸡和禽类），还有经常被忽略的奶酪，和它的邻居香槟区的奶酪相近，如火山灰奶酪、香贝天之友奶酪、夏洛莱奶酪、西都奶酪（与勒布罗匈奶酪经水洗后类似，也就是塔米埃奶酪，美味的修道院奶酪），别忘了苏曼坦奶酪、圣弗洛朗坦奶酪和皮埃尔基维尔奶酪。明星奶酪是谁呢？埃普瓦斯奶酪（Époisses），布里亚·萨瓦汉眼中的奶酪之王，拿破仑的最爱，他喜欢用它来搭配香贝天的葡萄酒。埃普瓦斯奶酪在 1815 年维也纳会议时塔列朗组织的品酒大赛上获得了第二名，却在 20 世纪 50 年代几近消失，尽管在一战前还有 300 家制造厂。西蒙娜·贝尔托和罗伯特·贝尔托冒险解救了这场灭亡危机，重新找回了食谱和原始制作方法。他们的儿子让，继续细心地保护着它，尽管由于 1999 年的李氏杆菌问题，如今的奶酪需要用巴氏灭菌后的奶来制作。埃普瓦斯奶酪自 1991 年至今一直享有 AOC 标识。此外，让·贝尔托还推出了其他的奶酪品种，如生孔奶酪（用当地的牛奶细致地炼制而来），或者火山灰奶酪和苏曼坦奶酪（是置于夏布利葡萄酒中成熟的），等待你的发现……

◎ 布里亚·萨瓦汉眼中著名的奶酪之王，埃普瓦斯奶酪是一种勃艮第地区的水洗软质牛奶奶酪。它的名字来自科多尔省的埃普瓦斯村庄。它的成熟期要在勃艮第酒渣中磨擦。它的颜色从偏橙的象牙白到砖红色，是由表面的细菌造成的；严禁使用染色剂。它最佳的食用期是 5 月到 10 月（放牧时期）。

洋香芹火腿冻

盖伊・雷布萨蔓 (Guy Rebeamen)
盖伊与家庭 (Guy & Family)
热夫雷 – 香贝天（GEVREY–CHAMBERTIN）

2kg 咸味生火腿，1 个洗干净的小牛脚，500g 小牛胫肉，3 根切成圆片的萝卜，1 个插着丁香的洋葱，1 捆调味香料，1 瓶勃艮第阿里高特葡萄酒，1 大捆平叶欧芹，2 瓣切碎的大蒜，3 棵切碎的分葱，胡椒粒。

提前 24 小时将火腿放到冷水中脱盐 12 小时左右。

第二天，将火腿沥干，放入双耳盖锅中。倒入冷水覆盖，小火缓慢烧开。加入小牛脚，小火炖 30 分钟。沥干火腿和小牛脚。去除肉皮和火腿里的骨头。肉切块。倒掉双耳盖锅中的水。重新将火腿块、肉皮、骨头、小牛脚和小牛胫肉放入双耳盖锅中。

加入萝卜、洋葱、调味香料和 12 颗胡椒粒。倒入勃艮第阿里高特葡萄酒，盖上锅盖，小火慢炖 3.5 小时，直到肉完全炖烂。

将水沥干，去掉小牛脚和小牛胫肉中的骨头。重新将全部的肉切成统一大小的块状。过滤汤汁，调味（填补调料）。静置待其变温后，撇去油脂，使其轻微呈冻状。

盛几勺到陶罐中，将其放入冰箱中结冻。在陶罐侧面和底面铺上肉，随后用肉和香料（香芹、蒜、分葱）轮流填满陶罐。

倒入上面半成冻状的汤汁，并将陶罐放入冰箱中 12 小时，使其完全成冻。切成厚片食用。

AIGLE

07

奥弗涅

奶酪与火山

“奥弗涅区，亚历山大·维亚拉特(Alexandre Vialatte)说，出产奶酪、部长和火山。”我们还要加上两位共和国总统：出生于康塔耳省蒙布迪夫的乔治·蓬皮杜，以及曾长时间出任尚奥纳市长的瓦勒里·季斯卡·德斯坦(Valéry Giscard d'Estaing)。

◎ 左图 在山野乡村的康塔尔省中心的圣－普利瓦(Saint–Privat)，伊夫•福尔太(Yves Fourtet)，萨莱尔特级牛的饲养者，在为下一届农产品沙龙而准备公牛。肥沃的草场，自由的放养，天然的谷物饲料，赋予了牲口庞大的体型和高级的口感。

纯净水和欢愉酒

火山带来了纯净的矿泉水，矿物含量低的富维克 (Volvic)，圣约尔 (Sanit–Yorre)；碳酸氢钠碱性水薇姿 (Vichy–Célestins)；还有沙泰尔东 (Chateldon) 气泡水，香布朗 (Chambrun) 伯爵曾指定它作为巴黎大型宴会指定用水；山际 (Saint–Géron)，两个喜爱其细致轻盈口感的大厨，米歇尔·罗斯坦 (Michel Rostqng) 和阿兰·都图尼耶 (Alain Dutournier)，在上卢瓦尔省大力推广，使其名震一方。109 种优质矿泉水使得奥弗涅成为优质水源种类最多的大区，也在蒙多尔 (Mont–Dore) 的拉布尔布勒 (La Bourboule) 形成了独具特色的温泉健康疗养区。这里的水质很好，而这里的葡萄酒也品质出众：尚蒂尔格 (chanturgue)、沙托盖 (châteaugay)、科朗（corent)、曼达尔格 (madargues)，它们都属于奥弗涅山坡葡萄酒 (côtes d'auvergne)；阿列省 (Allier) 的圣普尔森葡萄酒 (saint–pourçain)，用的是佳美葡萄 (gamay)、黑皮诺葡萄 (pinot noir) 和当地的特利莎葡萄（tressalier）等红葡萄，或霞多丽白葡萄。它们可以搭配的范围很广，最适合搭配这片粗糙而富饶的土地上出产的产品。

和葡萄酒一样，这里的利口酒也能独占一席：龙胆酒，像苏兹 (Suze)，更像工艺品的亚菲兹 (Avèze) 和萨莱尔 (Salers)，或者混合了各种植物的著名的弗莱马鞭草酒，由帕热 (Pagès) 家族发明，至今仍在上卢瓦尔省的勒皮昂弗莱生产出售。它是大区的标志，在当地经常被用作大餐后的消食酒。它的制作方法是什么？是将不少于 32 种山里的植物，浸泡在白兰地和干邑中。将这种混合物放入紫铜蒸馏瓶中蒸馏后，再加入能使弗莱马鞭草酒口味独特的秘密配方（如奥弗涅蜂蜜或者干邑白兰地），随后将其静置在橡木桶中。

来自相同的植物混合物做原材料，而“结尾”却不同，三种弗莱马鞭草酒有各自的独特性：马鞭草黄酒的口感精细而甘甜；马鞭草绿酒的口感清新而有力；最后，马鞭草特级酒，1995 年在帕热家族 135 周年时创造的，它额外加入了 5% 的干邑白兰地，并延长了在橡木桶中陈酿的时间。在含少量薄荷醇的马鞭草酒中，加入香草和桂皮的甜甜香味，甚至黄油圆面包或者热的烤面包的香气。10 年陈酿的马鞭草酒和颜色更为鲜明的 5 年马鞭草酒，最近成为传统产品。这种来自山中植物的复杂的酒，如万应灵药般吸引人，有着与它同名的茶一样的消食良剂的美名。

◎ 铁盒里的薇姿薄荷糖。

美食殿堂的甜点

薇姿的摩洛哥糖和讷韦尔的焦糖很像。软软的焦糖外包裹着一层硬焦糖外壳：这种样子自1920年以来就一直盛行于北非人民常去的水疗中心。在位于乔治－克列孟梭（Georges-Clémenceau）大街33号，1870年建造的商店的地下室中，帕特里克·迪奥（Patrick Diot）精心制作着他的摩洛哥糖和其他新产品：在众多美味中，尤其要提到的是异域口味的水果蜜饯，口感丰富的覆盆子杏仁夹心软糖，“克里奥尔”风味的咖啡杏仁巧克力以及熔岩蜜橙松露。

在薇姿市，以市名命名的著名小圆糖，是木瓦奈糖果屋于1852年创造出来的，如今可以在一间具有20世纪20年代装潢风格的精致小店里买到。它的配方？糖、含镁或者矿物质的盐、具有天然香味的薄荷以及小麦葡萄糖浆，这些原料使得薇姿糖清凉而助于消化。

自17世纪以来，在里奥姆市和克莱蒙市就有精心制作果酱的传统，这种传统一直由诺埃尔·克鲁兹尔公司传承着。诺埃尔·克鲁兹尔这一品牌在专业糖果制作师中极富盛名。还有鲁瓦亚市最出名的白巧克力，以及各种各样漂亮的巧克力甘纳许（一种由巧克力和鲜奶油组成的柔滑奶油，主要用于夹心巧克力的软心和一些糕点之用。

词的原意是“笨蛋”。——译者注），其中包括维埃拉德巧克力工坊大力推荐的丝滑金盘巧克力。维埃拉德巧克力工坊坐落在克莱蒙老城里，是法国最古老的巧克力工坊，这也印证了奥弗涅人对于甜食的喜爱，毋庸置疑。

富饶肥沃的土壤

这里盛产所有种类的蔬菜：熔岩高原上的黄豌豆和蚕豆，圣弗卢尔的小扁豆，勒皮的绿扁豆，1996 年起享有法国 AOC 标识，如今是 AOP（原产地命名控制标识，根据欧盟最新的法律规定，法国原来的 AOC 变更为 AOP。——作者注）。它虽体型小，但豆香味十足、香脆，入口即化，富含镁和维他命 B，“零淀粉”的内在和致密的外皮。它就是美食界的珍宝，在火山地区自在地生长。

绿扁豆被种植在勒皮附近的数百个城镇，它可以做成沙拉，可以当辅菜，做煎饼，或者像聪明的雷吉・马尔贡推荐的那样，做成和栗子口感相近的奇特的甜奶油绿扁豆。无论哪种做法，这种珍稀的绿扁豆都能摇身变为不可多得的美味。

我们还要在这里记下奥弗涅丰富的肉类：波旁内的农场羊，沃莱黑羊，奥贝克或者赛莱尔的牛，梅增科或夏洛莱的肥牛，波旁鸡，加里尼火鸡，或者奥弗涅土猪。不用说，这里还有各种各样的肉制品：香肠，猪血肠，塞馅卷心菜，猪肉酱——将猪的下部（颈部和胸部）浸渍在猪油脂里做成的酱，

◎ 右图：a. 圣弗卢尔（Saint-Flour）的小扁豆。b. 雷吉・马尔贡 (Regis Marcon) 给牛肝菌削皮。c. 欧里亚克 (Aurillac)：德庖里（De Paoli）家的杂菜碎。d.“摩洛哥人”甜品店里的薇姿摩洛哥糖。e. 它的制作工艺：软焦糖块外围裹着硬焦糖。f. 薇姿市糖果老店木瓦奈(Moinet)——以木瓦奈薄荷糖出名。g. 康塔尔省的传统菜，菠菜香肠李子馅饼，图中为康塔尔省罗菲阿克市（Roffiac）小溪农庄制作。h. 在拉伊奥尔（Laguiole），米歇尔・布拉斯 (Michel Bras) 著名的温沙拉（Gargouillou）。i. 康塔尔省普拉德布克放牧石屋（Prat de Bouc）里的一杯亚菲兹龙胆酒。

a
b
Tripous
Fabrication maison
Chou farci
c
AUX MAROCAINS VICHY
d
e
f
g
h
i

◎ 安东尼・德贡刚 (Antoine Deconquand)，典型的留着小胡子的奥弗涅人，他在巴黎拥有几个咖啡馆，随后返乡。照片是他在当地一个放牧石屋里喝着龙胆酒拍摄的。

◎ 下页图：和赛文山脉相似，奥弗涅南部沃莱市怡人的风景，落日洒在圣博内莱弗鲁瓦的道路上。

山风干燥的生火腿，波旁内特色土豆泥，也叫“pate de tartoufles”，以及特色的乡野美味，比如菠菜香肠李子馅饼（它的原料有猪肉馅、李子），以及由土豆、肥肉和康塔尔奶酪完美结合制成的奶酪土豆片。

奶酪，真正的遗产

卡贝库奶酪 (Cabécou)、香贝拉奶酪 (Chambérat)、昂贝尔的圆柱形奶酪 (fourme d' Ambert)、嘉普隆奶酪 (gaperon)，同样还有拉伊奥尔奶酪 (laguiole)，与南部阿韦龙省 (Aveyron) 的阿里勾奶酪 (aligot) 制作方法相似。这种传统的加入了大蒜和多姆 (tomme) 鲜奶酪的土豆泥，是在山地牧场放牧过夏之人的必备食粮。

1961 年起享有 AOC 标识，2008 年变为 AOP。拉伊奥尔奶酪（laïole），最早出产自与它同名的奥布拉克的中心城市。它的产区横跨阿韦龙省、康塔尔省和洛泽尔省的 60 个市镇。芬香的植物赋予了康塔尔省和萨莱尔地区的奶酪原汁原味的独特味道。早在公元 78 年，老普林尼已经赞扬它是古罗马时代最著名的奶酪之一。而在山地牧场放牧过夏的人也已养成将其长时间储藏的习惯。20 世纪 60 年代起，在安德雷·瓦拉迪耶 (Andre Valadier) 的支持下，生产商们聚集在一起成立了一个叫“年

◎ 萨莱尔牛，根据它红色的皮毛和漂亮的牛角很好辨认。

轻的山”的合作组织。经过两次凝乳的压缩成型后，形成干燥的奶酪皮，里面是紧致的未熟奶酪。奶酪呈黄色，奶酪皮呈微白色，或者浅橙色，这是在成熟过程中（至少四个月）着上了琥珀棕色。拉伊奥尔奶酪十分新鲜，成为阿里勾奶酪的组成部分之一。

奥弗涅地区最为标志性的奶酪是什么？毫无疑问是康塔尔奶酪。它来自这个地区被大西洋的雨水浇灌的肥沃的火山土壤，1956 年起享有 AOC 标识。大理石花纹的奶酪皮下隐藏了带有黄油和甘草的榛子味道，而透出了蕨类和欧石楠的草木香味。自古罗马时代起，老普林尼称赞它是罗马最为流行的奶酪，“是属于伽巴里人（在热沃当地区居住的人），和热沃当地区的（法国原先的省，现洛泽尔省和上卢瓦尔省的一部分。——译者注）”。它的产区覆盖了奥弗涅大区中心 60000 公顷的地区。它是压缩未成熟牛奶酪，圆柱形，重达 35 ~ 45 千克，在一个直径为 36 ~ 42 厘米的模子里制作。想要被称为“康塔尔奶酪”，这一圆柱形奶酪至少要经过 30 天的成熟期。这是较为“年轻”的康塔尔奶酪。而内行喜欢“新老之间的状态”（90 ~ 110 天的成熟期），或者更好是“老奶酪”（至少 240 天的成熟期）。酪体也随之发生变化：变为硬质，年轻的奶酪会更为柔软，成熟时间长的奶酪，口感会变得微脆，乳酸会变成浓稠而持久的水果酸。简而言之，它是奶酪中的国王。

康塔尔奶酪？毋庸置疑是奥弗涅地区最为代表性的奶酪。从1956年起就享有AOC标识，在老普林尼的赞扬下，它在古罗马时代就已经家喻户晓。

◎ a.在天然“奶酪窖”里进行成熟过程的康塔尔奶酪。b.这一天然“奶酪窖”是由停用的“圣弗卢尔至夏贝尔－罗朗”线铁路隧道改成的。c.“年轻的”康塔尔奶酪的成熟期至少30天，“新老之间的状态”的成熟期是90～110天，而“老奶酪”的成熟期则至少要240天。

◎ 17 世纪，军官亨利·圣内克泰尔 (Henri Sennecterre) 将这种农民的奶酪带到了路易十四的皇家餐宴。路易十四非常喜爱它，并让船夫从山里经搓板路送来。此后，这种位于康塔尔省和多姆山省之间的蒙多尔地区出产的压缩牛奶酪，酪皮经盐水水洗，保存了它天然正宗的口味。自 1955 年起因享有 AOC 标识而出名。

圣内克泰尔奶酪，高原上的另一位国王

圣内克泰尔奶酪可谓真正的杰作。它为直径 21 厘米、厚 5 厘米的圆柱形，重约 1.7 千克，半硬质压缩未熟咸奶酪，奶酪皮上有花纹。这种农民的奶酪，最早是由女人发明的。奶酪表面上有白色、黄色或红色的霉菌，含有至少 45% 的脂肪和 52% 的干萃取物。奶源来自康塔尔省和多姆山省中间的蒙多尔高原的牛，它在窖中成熟时有一股特殊的青草的味道，像奥比埃的青草味，造就了最好的农家奶酪之一。它浓郁而直接的味道，传达出了奥弗涅地区的力量与气息。为了享有“圣内克泰尔奶酪”AOP 标识，这种农家奶酪只能用来自“圣内克泰尔”区域的单一牛群的奶，早晚不停地挤奶后，立刻在这一区域内制作完成。

特殊的美餐

要想发现奥弗涅多样而丰富的美食，就要毫不犹豫地多发现好的餐馆。它们中最有名的，严格意义上说并不代表奥弗涅大区，而是奥布拉克 (Aubrac) 高原的代表，也就是我们说的拉伊奥尔所在地，高原位于洛泽尔省、康塔尔省和阿韦龙省交界处。

阿韦龙省属于朗格多克－鲁西永大区，米歇尔·布拉斯 (Michel Bras) 和他儿子塞巴斯蒂安的餐馆也在此处，就像不明飞行物般远离村落。这对父子烹调出来的美食恰如其人：纯粹，干净，没有过多的装饰。拉开序幕的是能回想起儿时味道的细长面包沾溏心蛋。接着，是牛肝菌薄饼。随后，是更正式一些的，装点着一些花、草和种子，浇上黑麦蛋奶的新鲜蔬菜温沙拉。主餐上场了：咖喱黄油蝾螺、豌豆荚、食用伞菌、樱桃醋配鹅肝、甜洋葱塔－莱齐尼昂牛肝菌饼、坎培亚克松露、迷你鸡油菌。最后，烤羊脊骨肉配熔岩高原的黄豌豆和凯尔西藏红花……而甜点，总是很重要的时刻。米歇尔·布拉斯，全球闻名的巧克力熔岩蛋糕的发明者，将其做成各种形状。如今，是大黄汁饼干和草莓冰淇淋，或者咸焦糖榛子土豆华夫饼，布尔拉甜樱桃浓汁配淡奶油百合。简单说来，是在独特地方的独特一餐。

另一个明星餐厅位于离赛文山脉和阿尔代什省不远的沃莱中心，在大区的南部，与朗格多克－鲁西永大区毗邻的马尔贡餐厅。这家餐厅像颗稀有的明珠，远离尘嚣，坐拥维瓦赖山景。我们特意从远方赶来一探究竟，品味这里创作型大厨的纯粹美味。20 世纪 70 年代末，雷吉斯·马尔贡 (Regis Marcon) 和他的妻子米谢乐 (Michele) 接手了 1948 年开张的玛丽－露易丝妈妈客栈，在做了大量调整和新建后，成为一家让人倍感亲切的小酒馆。2005 年，他们开了自己的饭店，随后 2008 年在高原旷野上又新开了他们的"环保标签"旅馆。旅馆在三个"美丽的"季节都全力以赴做到极致，而圣诞节到复活节期间关门休业。不得不说，这里的冬天十分严峻，风雪交加，天寒地冻，正如市镇的名字（圣博内莱弗鲁瓦，Saint-Bonnet-le-Froid，法语中 froid 是寒冷的意思），一点儿也没说错。然而，这里有大批热情的酒店服务人员，为开开心心来此地找寻自然热量的游客们服务。无论是消食闲逛，还是感受梦幻般的自然，都有数不尽的地方可去。野菌、栗子、扁豆、岩蔷薇也都在这里跳着疯狂的萨拉班德舞曲。这里的菌类（雷吉斯曾写过一本可作参考的菌类相关书籍）给人们带来了美好的体验，当地的旅游也给人以耳目一新的感觉。同时，通金鳌虾河粉汤，配上马鞭草西葫芦意面，面旁边是传统的牛肝菌和意式蛋黄酱，羊肚菌马尔伽里杜小牛杂碎串，四季豆泥和"玛琳达"番茄果冻，蔬菜天妇罗……

这里的每道菜都有一个故事。无论是范妮·罗姆赞 (Fannie Romezin) 的韦科尔红点鲑鱼，如野生般的新鲜质优，皮脆而肉嫩，配上杏仁和洋百合；还是切成小块

◎ 菌类专家雷吉斯·马尔贡采摘的蘑菇，它们是秋季膳食之王。（从左到右）第一行：绣球菌，牛肝菌，美味的乳菇，食用小伞菌。第二行：鹅膏菌，紫晶蘑。第三行：大头鸡油菌，齿菌，薄鸡油菌，喇叭菌。第四行：紫丁香蘑，多孔菌，油黄口蘑，灰褐鸡油菌，鸡油菌。

◎ 雷吉斯·马尔贡，在离赛文山脉不远的沃莱地区中心的圣博内莱弗鲁瓦的一个群山环抱的村庄，建造了一个小小的美食王国，他是奥弗涅传统烹饪和当地食品的忠实守护者。图中是他在自己坐落于村镇高地的时尚餐厅脚下的采摘现场。

儿的农场兔脊背肉，配上鸡油菌或者黄香李，这要根据不同的时刻来选择。

再加上新鲜的热甜点，油桃和绣线菊冰淇淋做成的冰淇淋糖水桃子，以及用草莓做成的各种甜点，千层酥、果汁或冰淇淋球。还有一张酒单，是不远处罗讷河两岸的美酒。一句话，奥弗涅大区中心，坐落在一个群山环绕的村庄中，夹在高地和平原之间，是人们向往的膳食和居住之所。

阿里勾奶酪

拉谢尔·罗谢斯 (Rachel Roches)
普拉德布克放牧石屋
波亚克 (Paulhac)

4 人份

1kg 宾什土豆，

400g 拉伊奥尔多姆鲜奶酪，

150g 黄油，200g 鲜奶油，

2 瓣大蒜，盐，胡椒

土豆削皮，蒜瓣去皮。土豆切大块。在沸水里加入土豆和大蒜，煮 20 分钟。

取出大蒜，将土豆放入捣泥器中，加少量煮土豆的水，捣成土豆泥。将多姆鲜奶酪切成薄片。

明火上，混合黄油和鲜奶油，再加入多姆鲜奶酪、盐、胡椒，用力不停地搅拌并上提混合物。

直至拉丝，阿里勾奶酪完成。

08

里 昂

令人拍案叫绝的食品柜橱

美食的十字路口，“吃货”的聚集地，舌尖上的城市，罗讷－阿尔卑斯大区的一扇窗户，美味小酒馆的宝库，以及法国最为绝妙的美食市场：这就是里昂和它所在的大区，培养优秀大厨的绝妙之地，一直以来被他们中最有威信的人引领着一路向前。

◎ 左图：雷吉讷·西贝尔 (Regine Sibelle)，布雷斯禽类的优秀养殖者。布雷斯禽类为业内人士所喜爱，比如禽类批发商之王，蒙勒维尔的让－克劳德·米埃拉尔 (Jean-Claude Mieral) 就购买了他全部的产品。这位阉鸡专家在年底“荣耀之争”时伸手摘得了所有的桂冠。图片中就是他和他的阉鸡。

“里昂，世界美食之都！”

“里昂，世界美食之都！”科依斯基在一场美宴结束时给予了里昂如此美名。那个时候，保罗·博古斯可谓科隆日奥蒙多尔之王，还是费尔南·普万的学徒。历来只有里昂和它的周边最能出产美食！罗讷河谷的水果，布雷斯的禽类，博若莱、勃艮第、坦恩－艾米塔日的特级酒，阿尔卑斯山脚下湖里的鱼，东贝池塘里的青蛙，夏洛莱的牛，伊泽尔省和萨瓦省的奶酪：都是这片天然的土壤慷慨赠予的美食！

里昂，事实上，从不曾辱没它的名声。即便是今天星级酒店没有那么多了，让－保罗·拉贡博还是守住了他的星级。然而，里昂·雷昂（Leon de Lyon，一家总能提供美味的热门酒馆），或者罗阿讷的图瓦格洛餐厅、沃纳斯的白色餐厅、夏尔伯尼尔莱班的高福罗餐厅、夏思雷的拉索塞餐厅、维埃纳的亨利卢酒馆的星级，都能为里昂编织一顶美丽的皇冠。科隆日的博古斯，是这里的标杆，可与索恩河平分秋色。而整座城市也因其杰出有趣又充满干劲的年轻厨师而熠熠夺目，也让人们看见了它明朗的未来。

马迪奥·维亚余，重新接手了“布拉奇妈妈”酒馆，使得这里刮起了一阵现代主义潮流之风，还有昂提卡伊酒馆的克里斯蒂安·泰特图瓦，巴尔博岛酒馆的让－克里斯多夫·昂萨耐－阿莱克斯，塞兹美食家酒馆的贝尔纳·玛里耶，里昂露天酒馆的达维·天梭，艾菲韦桑斯酒馆的克里斯多夫·休伯特，克洛维戴布络托之家酒馆的克洛维·库里，奥拉帕普镇拉利瓦尔餐厅的贝尔纳·康斯坦丁，或者皮埃尔·欧西餐厅的大厨，他们每个人都在用自己的方式在这片罗讷－阿尔卑斯大区的土地上耕耘着。这里要说明的是，里昂首先是一座大厨齐聚的城市。更好的说法是，这里人才荟萃！

“正宗里昂式酒馆”

这一能够证实高品质的正宗里昂式酒馆称号，是1997年里昂酒馆保护协会颁发的。被授予称号的酒馆会粘贴一个尼亚福龙（木偶剧中的角色。——作者注）的徽章，他手里拿着酒杯和方餐巾纸，是里昂餐桌上愉快的象征。在一个如里昂般重量级的旅游城市里，将“真的”里昂式酒馆从越来越多的“假的”里昂式酒馆里区分开来，是十分必要的……

◎ 有着“正宗里昂式酒馆”称号的阿贝尔餐厅的一瓶博若莱酒和一个酒杯。

提及里昂一定会谈到的里昂式酒馆

里昂，一个经常被模仿、从未被超越的生机勃勃的城市，也是一个出色的小酒馆汇集的地方。用光滑的木头和光亮的铜器装饰的店铺，热情洋溢的老板，大众喜爱的菜肴，像要背诵的散文选一样的餐单：这就是我们看到的酒馆，比如，布里吉特·约瑟朗的汝拉咖啡馆，皮泽路上的禹贡家酒馆，马约尔－马丁大街上的联盟咖啡馆，约瑟夫·维奥拉的丹尼尔和德尼斯餐厅，伽莱路上的乔治家小酒馆。或者在磨坊主餐厅，埃雷拱门下漂亮的阿贝尔柜台咖啡馆，拉贡博在梅尔希埃尔路上开的里昂小酒馆。当然，还有瓦勒迪泽尔餐厅，这里大厨们每天一大早都能在菜市场前碰面……所有这些小酒馆都是货真价实的里昂式酒馆！就算一一列举出来，也难免会有遗漏。

酒馆的菜单上都有什么？里昂式的菜肴是必不可少的：扁豆沙拉或赛维拉香肠沙拉，牛肚，工兵围裙（也就是猪杂淋上番茄汁），猪血烤肠，炒鸡肉或者鱼肠。

鱼肠出现的频率最高！它应当永世流传下去。因为鱼肠之于里昂，就像酸菜炖肉之于阿尔萨斯，鱼汤之于马赛：它是一种象征，一种烹调方式，一种生活方式，也是一种饮食文化。

许多以前很有名的餐馆，包括南德龙、沃塔尔以及布里奥，都推崇鱼肠的油滑感。要用一种特殊的“面包汤”（面粉或粗面粉，加上水或奶），添加黄油和鸡蛋，浇上酱汁，可以是比斯开虾酱汤，或者南蒂阿酱。

鱼肠的名字来源于德语词“knödel”，里昂周边的地区将它用在各种各样的烹调中：比热奶油螯虾、牛油，以及第戎普雷奥克莱克餐厅的拉库巧做的鱼肠。

19世纪，糕点加工师查尔·莫拉特尔，将梭鱼肉糜掺入到里昂鱼肠里，这一做法随后在索恩河地区发扬光大。里昂所有的肉制品商，比如菜市场里的大摊铺“科莱特·西比利亚”，都一本正经地践行这一做法。一个正宗的鱼肠工厂由此在布雷斯地区（布尔格的罗代）、东贝地区和多非内地区（鲁瓦昂的圣让）发扬壮大。

在给这座城市的“吃货们”带来巨大幸福感的“里昂式”精品中，首当其冲的便是它具有代表性的奶酪，成为当地的特色美食，其中的佼佼者便是奶酪店“理查德妈妈”。神圣而富含奶油的圣马瑟琳奶酪，是里昂式传统酒馆清早提供的快餐中的当家奶酪。甜点时分，有夹心糖挞、白雪蛋清、水果挞，以及罗讷河岸边送来的各种各样简单的果味甜点。

◎ 右图：a. 让－路易·热蓝(Jean-Louis Gelin)在他里昂的磨坊主酒馆。b. 在瓦勒迪泽尔酒馆灌装一瓶博若莱酒。c. 给布雷斯鸡拔毛。d. 丹尼尔和德尼斯酒馆的夹心糖挞。e. 米歇尔·图瓦格洛在罗阿讷菜市场。f. 丹尼尔和德尼斯酒馆，淋上一层夹心糖果浆的苹果挞。g. 乔治·杜宝夫(Georges Duboeuf)，博若莱酒商，正闻着他的一个橡木桶。h. 瓦勒迪泽尔酒馆的博若莱酒渍萨博代香肠(Sabodet)。i. 伽比修女，香芭朗苦修会的修女和她的奶酪。

a

b

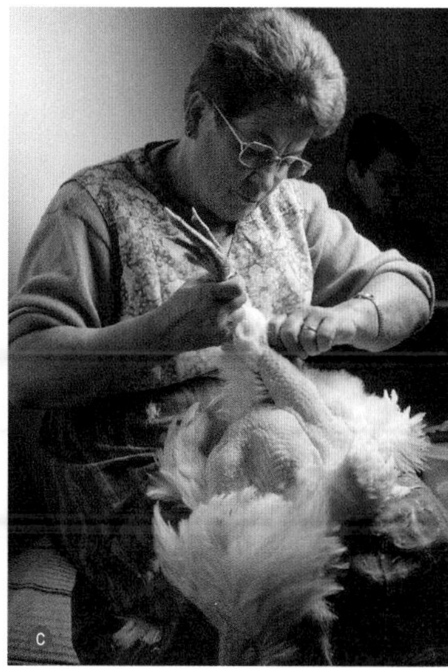
c

d

e

f

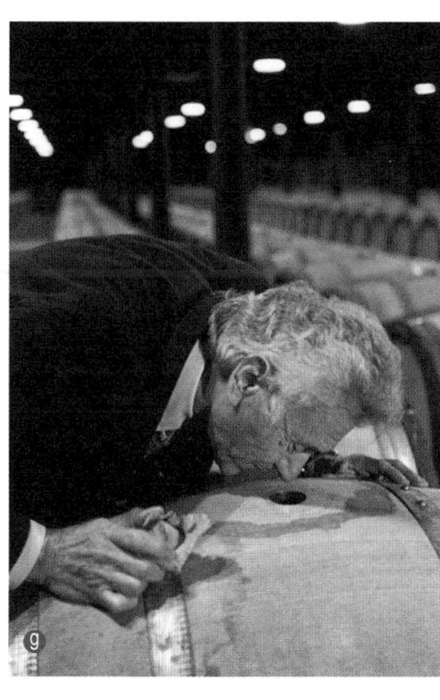
g

h

i

◎ 左图：圣马瑟琳奶酪 (Saint-Marcellin)，出产自伊泽尔省、德龙省和萨瓦省之间的 300 余座城镇的花皮软质奶酪，成为里昂市场上的王者。女神父雷内·理查德 (Renee Richard) 对外供应圣马瑟琳奶酪，它在用硫酸酸解过的纸上发酵至适中。奶酪稀软，带果味，微酸，与有着博若莱覆盆子香味的新鲜红酒完美搭配。

里昂菜市场，活生生的美食博物馆

这句话无论说多少次都不够：里昂是一个巨大的食品柜橱。参观这里的菜市场就好像参观一个活着的博物馆。这里有法国最吸引人眼球的菜市场，叫“保罗·博古斯”，菜市场的名字用的是许多年来带给这座城市无数美食佳肴的最好的“支持者”的名字。普皮耶家，菜市场里最好的海产品摊位，有附近湖里的鱼：红点鲑鱼、鳟鱼、鲈鱼和白鲑，还有来自海里的贝类和布列塔尼的甲壳动物。克鲁涅家的优质禽类，玛雷莎家、理查尔家以及马蒂奈家的奶酪，约克特尔家的夹心糖饼，可谓百家争鸣。菜市场里的优质肉制品店是西比利亚家和伽斯特家，而市里的优质肉制品店是雷庸家，它于 1937 年起就占据里昂手工熟肉糜的统治位置。离白莱果广场两步之遥，乔治和他的儿子罗朗向人们推荐着他们的耶素香肠、玫瑰红肠、萨博代香肠、赛维拉香肠、猪血烤肠、里昂鱼肠，以及优质的洋香芹火腿冻。

◎ 上图：坐落在城市中心，里昂最好的传统小酒馆，埃雷拱门下阿贝尔家著名的扁豆热香肠。

◎ 右图：坐落于博若莱市教堂对面的赛普阿福勒里酒馆(Cep a Fleurie)里的美味开心果香肠，是大区著名的酒商乔治・杜宝夫最喜欢的菜肴。

本地之星，当属香肠！

本地的肉制品之星是什么？当然是里昂香肠！昔日的牛肉香肠，如今变成了切细碎的猪肩肉和火腿，再加上切成小块的猪膘肉的混合物。经过三周的熏干，切成圆片即可食用。

它的制作秘密是什么？科莱特・西比利亚 (Colette Sibilia)，菜市场中的咸肉女王如此说道："最重要的是要倾注很多的爱进去。"还有这样的习惯性总结："优质饲养的猪，造就优质的香肠！"人们在传统酒馆中，吃的是最普遍的香肠，也有更"讲究"的香肠，比如博格斯市场会将其裹进圆面包里一起供应。"将香肠裹进面包里是对它的装饰"，保罗低声说道。还有另外一种里昂香肠，叫作"熟吃的香肠"，也是由猪肩肉和火腿肉混合而成，很像赛维拉香肠。当香肠里面加有猪头肉和猪肉皮时，就被称作萨博代香肠。"你看到了吧，里昂人疯了，他们居然吃这些！"贝尔纳·卢瓦索曾在夏丕特街博尔热奥家的塔塞酒馆这样对我说，当时店里给我们上了“非常多的猪肉皮”。

用葡萄酒奶油汤汁烹调的萨博代香肠，盘边配有温土豆或扁豆，要趁热食用。萨博代香肠，是将猪身上部位不太好的肉精细地烹调成美味的代表艺术品。里昂万岁！这里的美味佳肴和妙手大厨们万岁！他们和他们的美食，使得不停往前发展的美食学熠熠生辉！

卓尔不凡的葡萄酒财富

纱尔多讷 (Chardonne) 曾说，里昂不只局限于里昂：罗讷河谷的梨子酒，口感纯粹，果香浓郁的博若莱葡萄酒，它的特级酒庄，讲究的布鲁依酒庄（Brouilly），果香脆爽的希露薄酒庄（Chiroubles），较为正统的圣阿穆尔酒庄（Saint-amour），

◎ 左图：博若莱葡萄中心，弗雷里的圣母院。

◎ 右图：a. 博若莱印象图：阿尔芒·迪斯穆勒斯 (Armand Desmure)，希露薄酒庄（Chiroubles）的高级葡萄酿酒师，站在他的田地中间，正品尝着他的一款酒。b. 为了参加 12 月份的“三市之荣”比赛而被包起来的一只布雷斯阉鸡。

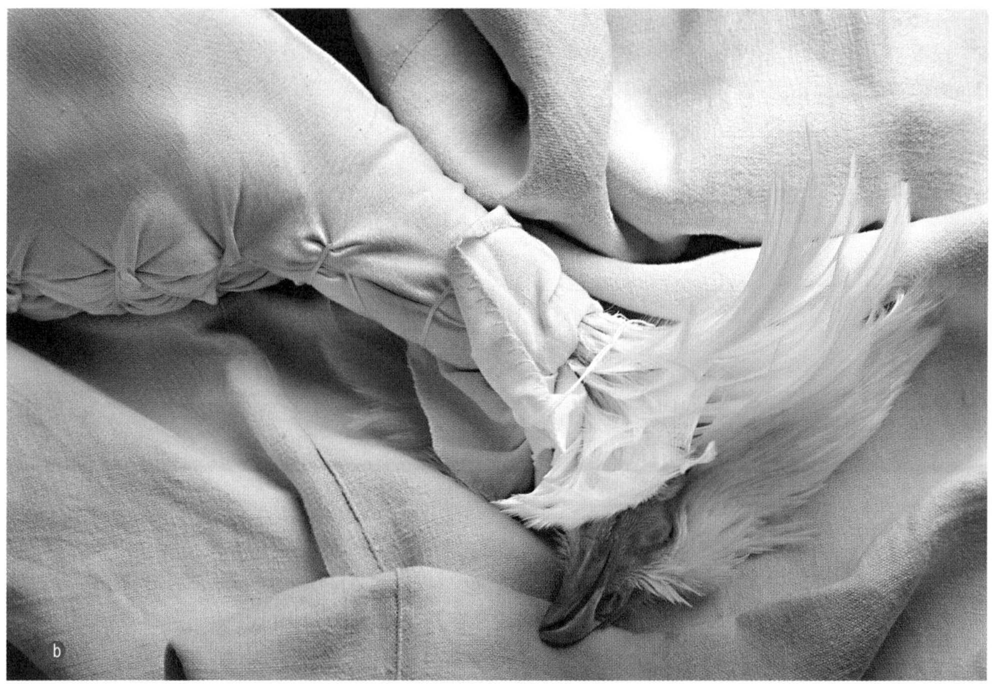

较为阳刚的朱丽娜酒庄（julienas），欢愉而严谨的布鲁依丘酒庄（côtes–de–brouilly），还有已经“勃艮第化”的风磨坊酒庄（moulin–à–vent），它们的酒命名简单，而酒庄……雷昂·多戴 (Léon Daudet) 说过，里昂“被三条大河所灌溉：罗讷河、索恩河和博若莱”。

乔治·杜宝夫（Georges Duboeuf）在全世界充当热心的传播者：作为有说服力的酒商，在他出生的罗马尼克梭希村庄，开发了一款类似博若莱迪士尼乐园的葡萄酒酒庄，他像使者般，鼓励着当地典型品种葡萄的种植者们。比如，大区里风景如画的迪斯穆勒斯酒庄 (Desmures) 和迪斯康贝酒庄 (Descombes)，都归功于他。

我们不能忘记里昂的罗讷北丘 (côtes–du–rhône septentrionaux) 成为城市天然的护卫：白葡萄酒的酿造，用的是有着桃杏香气的维欧尼葡萄（viognier），玛珊葡萄（marsanne）和瑚珊葡萄（roussanne）用来酿造孔得里约 (condrieu) 产区的白葡萄酒，活力清新而不失严谨，圣约瑟夫产区 (saint–joseph)，圣佩雷产区 (sanit–péray)，还有皇家气派的艾米塔日产区 (hermitage)，红葡萄酒的酿造，用的是有着紫罗兰、红色浆果和香料香气的西拉葡萄（syrah）……别忘了神圣的罗第丘 (côte–rôtie)。它们都是位于瓦朗斯和维埃纳两市之间，阿尔代什省、德龙省和伊泽尔省三省之间的，是引人回味、给人欢愉、解人干渴的特级酒庄级酒。

布雷斯，金牌鸡的摇篮

布雷斯鸡是罗讷河谷无可争议的禽类明星。它们可以在这广袤的草原上，在这绿意葱茏的牧场里欢歌跳跃，这片土地上最有名的是玉米——要知道布雷斯人可不是无缘无故被称作“黄腹人”的。1957 年颁布了一道法令来保护他们“黄腹人”这个称呼。布雷斯鸡饲养在树林里，长着白色的羽毛、蓝色的爪子和一顶红冠。每只鸡都会带有一个注明其饲主名字和地址的脚环，脖子下部会印上一个三色的签章来区分是肥鸡还是阉鸡。公阉鸡在它们 10 周左右时要进行阉割，在柳条笼里——通风的小空间，等到至少 8 个月后养得肥而饱满才能宰杀。它的肉质软嫩，带有大理石般的纹路。

布雷斯鸡的秘密是什么？除了优良纯粹的品种，以及蒙勒韦尔市的大批发商让－克劳德·米埃拉尔的热心宣传以外，黏土质的酸性湿润土壤，对于喜爱青草的鸡来说，是再好不过的。它们吃牛奶玉米羹，有很大的空间活动——每只鸡的放养范围有10平方米，放养场地内的建筑为50平方米，而放养草地面积不小于5000平方米。换句话说，每只鸡都有一个“金子般”的摇篮！乔治·布朗，接手了他祖母（艾丽莎·布朗，也叫“布朗妈妈”，科侬斯基称其为“全世界最佳女主厨”。——作者注）在沃纳斯的米其林三星餐厅，成为布雷斯鸡跨行业组委会十分活跃的委员长。他的餐厅大力推崇布雷斯鸡，并用各种各样的方式将其做成美味：烤鸡，小火炖鸡，用鸡骶骨上的肉做，加入鹅肝酱和蒜瓣。他负责准备每年圣诞节前的“布雷斯荣耀”庆典，这一时期正是火鸡、珍珠鸡、鲜肥鸡、肥美的阉鸡热销的时候。在庆典上，会在蒙勒韦尔市、布尔格市和卢昂市范围内选出阉鸡之王，并授予“最有价值的鸡”称号，而阉鸡之王会像婴儿般被细心地包裹起来。

青蛙和鳌虾，今与昔同

能吃到“正宗”东贝青蛙的时期已然过去了，因为这里如今已被保护。然而，我们依然能吃到“东贝风味”的青蛙，也就是浇上香芹大蒜黄油的青蛙，这种做法来自东欧国家：保加利亚、土耳其、阿尔巴尼亚和埃及。星期天吃青蛙配新鲜白葡萄酒的习惯至今依然存在。

奶油酥烤鳌虾尾，一直还是这样的吃法，即使所谓的鳌虾来自土耳其或西班牙。作为索恩炸鱼的原材料，“外来的”胡瓜鱼，有力地冲击着当地的欧鲌鱼。然而，食材虽有变化，做法依然如故。在当地，做法保有着它的丰富多样性。“奶油、黄油、葡萄酒，是里昂菜肴的神圣三宝。”保罗·博古斯在说明里昂人不喜欢细嚼慢咽时习惯性说道。

里昂式酒馆，简单说来，是正宗的里昂式烹调，人们的热情与欢愉宴饮的美满组合。

◎ a. 在这家酒馆中，客人们热情地欢迎菜肴上桌。b. 约瑟夫·维奥拉(Joseph Viola)经营的丹尼尔和德尼斯餐厅的餐巾纸，他是拥有MOF称号的后代。c. 在里昂市中心埃雷拱门下的阿贝尔餐馆中，取名为“蕾阿妈妈”的螯虾梭鱼肠。

◎ 东贝池塘清空期网鱼。

向伟大的保罗致敬

保罗家在科隆日的桥酒馆里的菜肴，五彩斑斓，可谓珍馐美馔。人们去他在科隆日的餐馆，就好像去朝圣一样。让我们先瞻仰一下挂有大厨们画像的走廊——从布湾到皮克，从让·图瓦格洛到保罗自己，被他的家人簇拥着：杰罗姆，雷蒙德，弗朗索瓦兹。接着，让我们再到有一点点媚俗的彩色餐厅前，仔细地穿过厨房，向克里斯多夫·穆雷问好，他屡屡获得 MOF 称号。当然，这一称号也关照过其他一批大厨。

菜肴都是怎么呈上的？精确的，激动人心的，经典的，绝妙的。传说中的 VGE 松露汤（Valery Giscard d' Estaing，瓦勒里·季斯卡·德斯坦），配鹅肝丁和千层酥皮面包，圣雅克扇贝和烤苹果酥，配醋味白黄油，松脆绯鲤土豆片和龙蒿橙汁酱，博若莱冰淇淋，布雷斯鸡骶骨肉，配上松露、奶油和羊肚菌，要分两次呈上。首先是鸡腿，然后是配餐沙拉，接着是“理查德妈妈”精选奶酪，包括惹人喜爱的圣马瑟琳奶酪 (saint-marcellin)，最后呈上的甜点是焦糖布丁和香草冰淇淋球。我们享用了弗朗索瓦·皮巴拉的服务，在法国最佳手工艺者服务的大厅里，品尝了孔得里约 (condrieu) 产区的皮埃尔·嘉拉德酒庄和罗第丘翠伊伦酒庄的醇酒。我们向这一保留完好的风格致敬，它始终坚守着传统，就算到了现在也毫不怠慢。“无论是传统烹调还是现代烹调，伟大的保罗在某个地方说过，真正的烹调只有一种，那就是美味的！”在这里，真理就是如此简单！

◎ 全世界闻名的人。没有他，法国的大厨不会像现在这样。他就是保罗·博古斯，也被叫作保罗先生，里昂的大厨，科隆日奥蒙多尔出生，被评为米其林三星主厨已有半个世纪之久，他在自豪地展示他肩膀上的高卢雄鸡文身。不可思议的法国人！

南蒂阿虾酱焗梭鱼肠

帕斯卡·波诺姆
太阳咖啡餐馆
里昂

4 人份

面包汤：800g 新鲜去骨梭鱼，250mL 牛奶，100g 黄油，125g 面粉，4 个鸡蛋，200g 鲜奶油，盐，胡椒，肉豆蔻

南蒂阿虾酱：200g 新鲜鳌虾，200mL 干邑白兰地，150mL 白葡萄酒，20g 番茄浓缩汁，100g 鲜奶油，百里香，月桂，1 个洋葱，大蒜，橄榄油

将去骨梭鱼放入绞肉机中绞碎，与盐、胡椒、肉豆蔻混合，待用。

准备面包汤：将牛奶和黄油一起煮沸，混入面粉。文火收汁 5 分钟。关火，混入蛋黄。将面包汤和碎梭鱼混合在一起，搅拌直至得到均匀的面团。再混入蛋清和奶油。用面团将鱼肠做成自己想要的形状，放入沸水中煮 2 分钟。放在烧烤架上置于阴凉处。

准备南蒂阿虾酱：将鳌虾重置于橄榄油中，混入香料。烧热干邑白兰地，再加入白葡萄酒、番茄浓缩汁。烧 20 分钟后，捣碎鳌虾，放进小漏勺中，置于火上。随后加入奶油，收汁。

将鱼肠放在薄盘里，放入烤箱或者耐热锅里。在鱼肠上浇上南蒂阿虾酱。烤箱调到 180℃烤 25 分钟。

萨　瓦

山区如此多娇！

萨瓦－上萨瓦：夹在法国和意大利之间辉煌的山区公国，历史最终选择了让它归属于法国。然而，这里的人们喜爱意式玉米粥和意式饺子的口味，让这个地区永远也不会忘记意大利。

◎ 左图：贝尔恭圣母市 (Notre-Dame-de-Bellecombe) 的维克多利讷农场 (Ferme de Victorine) 餐馆里，詹姆斯・安萨内－阿莱克斯 (James Ansanay-Alex) 在餐馆牛栏的一角照料他的爱牛。毫不夸张地说，这里没有电影院，只有崇尚农家小酒馆的传统。他的阿邦当斯牛产出的奶，足够他用来做托姆奶酪和勒布罗匈奶酪。

不计其数的奶酪

首先，萨瓦是属于萨瓦省的。这里的山区与邻国瑞士很相似，所以两国的人民也都在一起分享着对于奶酪的热爱。这里奶酪的种类太多了，我们没有办法像数念珠一样一一细数：首当其冲的是博福尔奶酪 (Le Beaufort)——布里亚－萨瓦蓝称其为“格鲁耶尔奶酪中的王子”，优质的山区奶酪，香气浓郁，让人联想到这里的牧场。这种压缩成熟的奶酪，侧面有圆滑的凹槽，还有橙黄色的酪皮，很容易被分辨出来。博福尔奶酪不仅仅来自博福尔坦山谷，特别是塞西丘，也出产自塔郎泰兹地区 (Tarentaise)、莫里耶讷地区 (Maurienne)，以及阿尔利谷 (Val d' Arly) 的部分地区，再由 700 名奶牛养殖员组成的合作工厂生产。做一个圆盘形的博福尔奶酪平均需要 400 升的牛奶，厚度能达到 16 厘米，而直径能达到 75 厘米。当地品种的奶牛（塔利讷牛、阿邦当斯牛）虽吃的是牧场里的青草和干草，产奶量却十分有限（在产奶期，一头牛每年的产奶量只有 5000kg），这种享有 AOC 标识的奶酪（1968 年起）只使用生牛奶制作，需要经过至少 5 个月的成熟期。它的质地柔滑，果香持久，带有榛子味，口感细腻，无可比拟。

在奶酪的聚宝盆中，引起人们注意的还有阿邦当斯奶酪（Abondance）。它从 14 世纪起就很有名，是由距离瑞士国境线很近的阿邦当斯圣母修道院的僧人，以及瓦莱地区（瑞士西南）天主教圣莫里斯自治会院的议事司铎发明的，而后者也是阿维尼

◎ 右图：a. 在切兹里－弗朗 (Chezery–Forens) 奶酪工厂里，奶酪商玛丽－克里斯蒂娜 (Marie–Christine) 和她的热克斯蓝纹奶酪。b. 在默热沃市的莎莱・扎尼耶酒馆 (Chalet Zanier)，焗天香菜配泰尔米尼翁蓝纹奶酪 (Termignon)。c. 默热沃冰块糖。d. 山间的一个农场里，刚刚钓上来的两条野生鳟鱼。e. 托讷市，一座山间农场里的奶酪。f. 约瑟夫・索盖 (Joseph Socquet) 在他的约瑟夫农场里制作的奶油白奶酪。g. 用来喂食维克多利讷农场里牲畜的草料。h. 托讷市沃讷赞 (Vonezins) 农庄里的菲利普・卡尔特龙的蓝莓挞。i. 菲利普・阿维里翁 (Phillipe Avrillon)，托讷市的牲畜饲养者。

a

b

c

d

e

le toufrais
megève
LAITERIE
de Joseph
Megève
f

g

h

i

翁教廷的供应商。阿邦当斯奶酪细腻，奶味浓郁，口感柔和，质硬而少盐，向人们传达了夏天山区中新鲜的草场气息，1990 年被列入 AOC 标识名录。尽管它不及它的大哥博福尔奶酪那么出名，却也是当地众多的传统名酪之一，是莱芒湖（日内瓦湖）交界的夏布莱地区的传统美味。这种压缩半熟奶酪（发酵成熟时的温度要控制在 50℃以下），只能用阿邦当斯牛、塔利讷牛或蒙贝利亚尔牛的全脂生奶制作。侧面有圆滑凹槽的大圆盘奶酪，平均重达 10 千克，要在云杉板上酵化 90 天，而奶酪的成熟期则是 4 ~ 6 个月。它的酪皮光滑，映衬出了在其制作过程中印上的琥珀色标记。阿邦当斯地区明星奶酪商吉拉尔兄弟，为了推销与维护他们的农家珍宝而加入农业合作经营组织（GAEC）。90 头在牛栏以及高山牧场精心饲养的牛，赋予了这一奶酪浓郁的口感与果香，也包揽了各项奶酪比赛的金牌。

◎ 在马尼戈的高山牧场过渡带上，针叶树林和高山牧场的景致交叠出现。阿邦当斯牛，在这里自由自在地吃着野生花草，能产出优质牛奶。它们产的奶也是用来做 AOC 级奶酪的原材料：勒布罗匈奶酪、阿邦当斯奶酪、博日的托姆奶酪和博福尔奶酪。

我们还要提到阿哈维斯 (Aravis) 的山羊奶酪，博日奶酪 (Bauges)，萨瓦的艾曼塔尔奶酪 (emmental)（我们一般称它为格鲁耶尔奶酪〈gruyère〉，不过不要把它们和瑞士的贵腐格鲁耶尔无孔奶酪混淆在一起），阿拉维斯蓝皮奶酪 (persille des Aravis)，塞拉克奶酪 (sérac)，拖龙奶酪 (thollon)，博日、阿邦当斯、萨瓦地区的托姆奶酪 (tomme)，甚至瓦什汉奶酪 (vacherin)。我们仍然要为泰尔米尼翁 (Termignon) 蓝纹奶酪留一席之地，它是萨瓦地区被忽视的奶酪王子：酪体上有细致的蓝纹，于 18 世纪在海拔 2000 米的上莫里耶讷被创造出来。饲养的塔利讷牛和阿邦当斯牛的农场主只有 4 人，而多亏了这些牛产出的牛奶，他们每年能做出一百来个奶酪。他们的奶牛吃的是瓦努瓦斯国家公园中的青草和花朵，使得做出来的奶酪带有清淡的香气。泰尔米尼翁蓝纹奶酪是在两种混合在一起的凝乳（当天的凝乳和前两天的酸凝乳）的基础上制作的。混合物储存在容器中（木桶），酿造，盐渍，在松木模具中手工挤压，盖上一块亚麻布。沥乳清后，大圆盘奶酪重达 7～10 千克，半径 30 厘米，高 15～20 厘米，入窖之前要放在温度适宜的房间中静置 15 天。在那里，白而脆的奶酪上布满了蓝色霉斑状的天然纹理。

这种自发形成的蓝纹给泰尔米尼翁蓝纹奶酪带来了品质和独到之处。它的成熟期是 4 ～ 5 个月，在此期间，它棕赭色的酪皮被酵化，酪体附上了惹人喜爱的榛子香气。这里的奶酪，包罗万象，数不胜数（我们还能说出博福尔坦的格拉塔隆奶酪〈Grataron〉，塔米埃奶酪〈Tamie〉，它与勒布罗匈奶酪〈Reblochon〉极为相似，不过味道更为浓郁，是阿尔贝维尔〈Albertville〉附近与其同名的修道院里的僧人发明的。——作者注），当地的大厨各展其能，用奶酪来展现自己的手艺。

◎ 左图：在阿尔利乳制品合作工厂里，朱斯蒂娜·冯丹 (Justine Fontaine) 和她的勒布罗匈奶酪。

◎ 下页图：卡特琳娜·盖东 (Catherine Gaiddon) 在她位于默热沃市的奶酪店的地窖里。她是以盖东酸奶出名的默热沃奶酪商的孙女，一个真正用来成熟阿邦当斯奶酪、默热沃山羊托姆奶酪、布路绵羊托姆奶酪、阿拉维斯或蒂尼的蓝皮奶酪的地方。自高山牧场某一木屋里生产的博福尔奶酪、金山瓦什汉奶酪、泰尔米尼翁蓝纹奶酪需要预约。

勒布罗匈奶酪，奶酪中的奶油

勒布罗匈奶酪起源于 18 世纪的偷税行为。地主、僧人或者贵族都向农民们收取产奶费（中世纪时期对奶制品的税收。——作者注）。农民们要根据奶牛每日的产奶总量交税。在税收检查的时候，农民们为了少付税费而不进行完全挤奶，等到税收检查人员走后，他们会“再次挤奶”，通过第二次挤奶，挤出更多的奶乳做成奶酪。

20 世纪初，勒布罗匈奶酪的产量每年不足 40 吨。是铁路的修建和冬季运动项目的兴起，才让全法国人民认识了它。1958 年，勒布罗匈奶酪获得 AOC 标识，保护了它的出产区域，也拓展了它的制作方法。如今，人们通过奶酪上的酪蛋白圆点来辨识奶酪。勒布罗匈奶酪使用不经过高温处理的全脂生牛奶进行酵化，自然凝乳，加压，铸型，盐水腌渍，成熟期在窖中用盐水擦洗酪皮：整个工艺就是一种艺术，在托讷周围地区和阿拉维高原命名制作。勒布罗匈奶酪无论是用来做菜（做成勒布罗匈风味盘，或者做干酪焗土豆），还是原味品尝，都让人吃得满心欢喜，如今已成为最有名气也最受欢迎的法国奶酪之一。

奶酪生产者的典范

可以作为榜样的杰出奶酪生产者，是两位萨瓦人和一位与他们邻省的伊泽尔人。他们是托农市布荣家的弗雷德里克·鲁瓦耶 (Frederic Royer)，安纳西最佳手工业者皮埃尔·盖 (Pierre Gay)，和与他隔省相邻的邻居、湖滨乳制品店的阿兰·米歇尔 (Alain Michel)。不要忘了还有著名的格勒诺布尔市阿尔卑斯酒店的贝尔纳·穆尔-拉弗 (Bernard Mure-Ravaud)，他同时也是这个领域的世界冠军，以及“最佳手工业者”称号的获得者。然而，如果让我们选出一个招牌奶酪生产者，我们会把焦点停留在一个明信片似的村庄上：默热沃的盖东家，如今是小卡特琳娜用其极度的热情在守护着。她的祖父曾在阿尔布瓦山区高原上饲养牛群，拥有一个自己的农庄，随后他成为市里的一名奶酪商，推销他著名的默热沃酸奶，上面印着漂亮的仿古标签。她的父亲推进了奶酪制造工艺，尤其是萨瓦的托姆奶酪和艾曼塔尔奶酪。而卡特琳娜·盖东 (Catherine Gaiddon)，她没有放弃家业，开了一家经营奶酪制品的现代化商店。即使她不再从事奶酪生产了，她也是从当地生产商那里直接选取山区的奶酪出售的：阿邦当斯奶酪、默热沃山羊托姆奶酪、贡布路绵羊托姆奶酪、阿拉维斯或蒂尼的蓝皮奶酪、来自高山牧场某一木屋生产的博福尔奶酪、金山瓦什汉奶酪、泰尔米尼翁蓝纹奶酪，还有一些瑞士奶酪，比如阿彭策尔奶酪 (Appenzell)、弗里堡奶酪 (Fribourg)、高山格鲁耶尔奶酪、雷提瓦奶酪 (Etivaz) 和巴涅奶酪 (Bagnes)，它们与卢瓦尔山羊奶酪和诺曼底奶酪相近。并且，每天早上她都会用邻居约瑟夫·索盖送来的优质新鲜奶来制作费塞勒奶酪 (Faisselle)。约瑟夫在迦叶山旁饲养了一百多头牛。

自然式烹调的卓越大厨

萨瓦式烹调的基底当然是各种奶酪制品，用它们可以做成美味的奶酪火锅、烤奶酪、干酪焗土豆或者“佩拉奶酪”，还可以做成阿拉维斯奶酪（将热的勒布罗匈奶酪和奶油、土豆、肥肉混合做成），贝尔图奶酪（加入大蒜、白葡萄酒、马德拉葡萄酒、肉豆蔻），马图伊奶酪（混入了瓦什汉奶酪、大蒜和白葡萄酒制成），或者“热罐奶酪”（在里面装入瓦什汉奶酪，包裹上树皮，放入烤箱中制成）。

a

b

◎ 上页图：a. 切兹里 – 弗朗奶酪工厂里的热克斯蓝纹奶酪，一种带花纹的牛奶奶酪，显著标志是它柔软的酪体和草木香气。b. 斯碧埃家木屋里精美的奶酪火锅，像在默热沃市的玛丽家农场里。奶酪、大蒜、白葡萄酒是用来调味的食材。

◎ 上图：马克·维拉，萨瓦新式菜系大厨，在伯雷卡尔高原，科瓦弗里山口，开辟了属于自己的地带，距离克吕萨雪道与马尼戈村不远，正对着阿拉维高地。他是新式菜系领域里的国王，热爱美食又要求严格，以他的方式忠于传统，为大区贡献了一份不小的力量。

从其他菜式里学来了一身本领的大厨们，利用当地山区的植物，让萨瓦公国式的烹调如今变得更为现代，更为精妙。萨瓦地区最有名气的大厨，也是为这里的菜肴声名远播添砖加瓦之人，他就是马克·维拉 (Marc Veyrat)。这个“戴着黑色帽子的男人”，高调赞扬了松树芽鲑鱼、塞塞勒松露土豆，以及油煎饼（美味土豆饼），成为山区可食用草木的开拓者。与往日在马尼戈的园区一样，如今他在安纳西或者维里耶的湖边，距离克吕萨雪道不远的地方，热心地保护着一个露天的萨瓦园区。山区带有酸味的酢浆草、多叶蓍、藜，或者野生甘草——这就是“药草烹调”，博古斯曾经这样开玩笑似的说，也正是因为这些药草，维拉赋予了青蛙、湖鱼（阿尔卑斯山的白鲑、普通白鲑、江鳕、红点鲑鱼、鲈鱼或鳟鱼），以及当地的鸡以新鲜的口感；他还用松树皮包裹起野鸭，再配上碎豆肥肉饺子汤。

用野外新鲜采摘来的菜做成的料理，是健康的料理！在他之后，萨瓦地区所有的大厨都在延续着这种烹饪方式。在安纳西和尚贝里之间，库尔什维尔和默热沃之间的这片山区的土地上，出产各种各样的美味菜品，向人们讲述着这里的美食从牲畜棚到餐桌，从采摘到餐盘的故事。而这还不是全部。热情好客的旅游十字路口，勃朗峰地区、莫里耶讷地区、瓦努瓦斯地区，也让世人看到了它们充满白色花香（奇尼－伯杰隆葡萄、阿比姆葡萄、阿普勒蒙葡萄、格拉热葡萄）与紫罗兰香气（梦杜斯葡萄、佳美葡萄、黑皮诺葡萄、亚马里瓦葡萄）的好酒。生长在山脚下的葡萄酿出的天然特级葡萄酒，与这里新鲜清爽的美食相得益彰。这也描画出了罗什布里讷高原上，默热沃的明星主厨艾玛尼埃尔·雷诺的烹调方式。《大山与大厨》是这个来自皮卡第地区的巴黎人的第一本书，他在伦敦的克拉里吉家餐厅工作过，后来成为维拉家餐厅的主厨。他一直穿着英国大厨们穿的蓝白条纹相间的围裙，并把这个喜好扩散到了整个法国。如今他实现了自己的梦想。艾玛尼埃尔·雷诺，也被叫作“马努”，成为罗什布里讷地区的“小国王”。想想吧，位于巍峨的山脚下的四间木屋，简约的房间，有私人空间的隐蔽角落，几乎和在自己家里一样，堪称上萨瓦省最舒适的客栈。他的厨房大而干净，与他曾经的厨房、默热沃市中心的“实验室般的壁橱”大相径庭。它的餐厅是木质的，有些许昏暗；没有大肆宣扬，来客却络绎不绝——毫不夸张。他的菜肴呢？众口一词：实事求是地说，是他赋予了菜肴额外的价值，在味道和季节上毫不掩饰，出色地把菜肴与这片土地结合在了一起。他的开胃凉菜（“2毫米”玉米粥和刀斩野菇，阿尔巴松露汁溏心咸蛋，汁浇湖虾〈玉米、芫荽、杏仁汁〉）都是十分清淡的养生菜。“梭鱼丁吐司和柠檬金巴利蔬菜热汤”在烹调工艺上是一道杰作，它是把传统鱼肠切丁置于烤面包上，“反面”呈上。太精妙了：色香味俱全。柠檬昆诺阿苋（南美产的苋科植物）烤海鳌虾，或者埃里克·伽科耶的莱芒湖鲈鱼，都证实了来自漂浮花园却钟情于阿尔卑斯的厨师马努，无论是陆地上的食材，还是海里和淡水里的食材，都运用得得心应手。

至于这里的快手素菜（咖啡菊苣渍／烤波罗门参）和快手肉食（根菜泥狍子背肉配甘蓝和红叶卷心菜），已是登峰造极。还有萨瓦奶酪和跳着幸福舞曲的甜点（其中招牌甜点是香梨布丁巧克力球）。简单说来，在阿尔卑斯地区的中心探索美食，是一件如此美妙的事情，比用千言万语更能描绘出这个大区。

◎ 糖、巧克力、咖啡：这就是“安纳西湖畔芦苇”的原料。糖煮熟，放到8厘米长的印模中，在上面盖上淀粉使其固化。它会自动与咖啡分开，形成胶囊状。刷描，使其浸在其中，并在上面装点巧克力。这道工序耗时很长，需要认真仔细，其精细程度和做金银细工有得一比。

这片高地，如此“甜美”……

别忘了萨瓦人也喜欢吃甜食。他们喜欢“安纳西湖畔芦苇”，它是芦苇形状的酒心长条巧克力，默热沃冰块糖，黑白小卵石状的巧克力烤蛋白，美味的安纳西花钟蛋糕，也是巧克力的。这里的糕点店也会在甜点里点缀阿尔卑斯高地产的水果：蓝莓挞或覆盆子挞。还有萨瓦蛋糕、圣热尼克斯果仁糖面包，或者尚贝里的圣昂泰尔姆，这一用细腻的奶油和果仁糖黄油做出的烤蛋白。

这片高地是如此“甜美”！

干酪焗土豆

菲利普・卡尔特龙
沃讷赞 (Vonezins) 农庄
托讷市

4 人份

1kg 土豆，1 块萨瓦勒布罗匈奶酪，
2 个洋葱，150g 鲜猪肉丁，
100mL 液体奶油，胡椒

用水煮熟土豆。削皮，切片。

油煎洋葱片和咸猪肉丁 5 分钟，至其几乎为无色状。

在可以放进烤箱的盘子里，轮流铺上一层土豆，一层勒布罗匈奶酪，一层洋葱 / 咸猪肉丁，最后一层铺上勒布罗匈奶酪。

放入 180℃的烤箱里烤 15 分钟，最上层的勒布罗匈奶酪要烤至焦黄。

配上一道绿色蔬菜沙拉，趁热食用。

10

普罗旺斯 – 蓝色海岸

马赛鱼汤和愉悦的心情

这是一个美如明信片风景画一般的地区，蓝天下漂亮的村落，无边的葡萄园，讨人喜欢的露天咖啡座，以及在那里玩纸牌和喝茴香酒的人——通常都是一边玩牌一边喝茴香酒——他们吃着大蒜，品尝着白酒煨羊蹄羊肚卷和马赛鱼汤。理想中的法国不是这样的吗?

◎ 左图：早在 14 世纪教皇乌尔班五世 (Urbain V) 统治时期，蜜渍水果就是沃克兹省阿普特市的传统美食了。其中，卡维庸的甜瓜是果中之王。这张照片上，德尼斯·瑟诵 (Denis Ceccon) 在他的工作室中检查刚出锅的葫芦瓜的品质。

注意，这是一片绚丽多彩的土地！

走在普罗旺斯的菜市场里，吉尔贝·贝科（Gilbert Bécaud）欢快地歌唱着，身边是藏红花、无花果、桃子、杏子、龙蒿和“美丽的分葱”，别忘了甜瓜、茴香、芹菜……有句话是这么说的：丰盛的种类和多样的色彩，迷人的香气和可口的味道，在普罗旺斯地区出尽了风头。

位居菜市场王座的蔬菜主要有大蒜、法国紫百合、芦笋（产自迪朗斯河沿岸的洛里市和佩尔蒂市）、茄子、甜菜、青葱、菊苣、皱叶菊苣、蔬菜混合菜，当然还有大葱和各个种类的番茄。同样丰富的还有水果，它们生长在充沛的阳光下，富含糖分：尤其是杏子、杏仁、樱桃、毕加罗甜樱桃、木瓜，还有芒通的柠檬，卡罗斯和卡庞特拉的樱桃、石榴，科洛布里埃的栗子，马诺斯克的桃子，旺度的葡萄，以及马丁塞克的梨。

如果不得不从中选取一种水果——最有代表性的，我们可能不选甜瓜吗？它不仅是水果也是一种蔬菜。卡维庸（Cavaillon）的甜瓜，“黄色夏朗德甜瓜”品种，属于甜味葫芦科。它可以作为前餐，也可以作为甜点，它可以直接单独食用，也可以浇上一勺波尔图酒食用，人人都很喜爱它。它早在希腊和罗马时期就十分有名，1495年远征意大利的查理八世，在回程时将它引入法国，他在卡维庸市罗马教皇的土地上种下了甜瓜。甜瓜的名声在巴黎传开，吸引了不少爱好者，比如大仲马曾激情洋溢地夸赞它。1864年，大仲马收到了来自卡维庸的图书管理员的请求，要求增印他的合集和几部作品。大仲马提供了三四百册，报酬只是终身享有每年12个甜瓜！市政会议自然非常乐意，接受了这个要求，给这位《三个火枪手》的作者每年送去12个甜瓜，直至1870年他去世。PLM（法国国家铁路的前身之一，连接巴黎〈Paris〉、里昂〈Lyon〉和地中海〈Mediterranee〉的铁路线路。——作者注）的出现保障了甜瓜稳定的销路。1955年，甜瓜的生产地一直扩大到了克劳市。它的收获期是5月到9月，生长在老普罗旺斯地区和迪朗斯河谷之间的平原或者阳光充足的山丘上，成为夏季最灿烂的水果代表。

◎ 采摘的成熟水果浸泡几分钟后放入糖浆中，使其含糖量逐步上升。

蜜渍水果的千年传统

普罗旺斯地区大多数好吃的水果，都是仔细蜜渍后全年都能食用的。蜜渍水果是沃克吕兹省阿普特市的特产，从喜爱美食的教皇乌尔班五世 (Urbain V) 时期起就很有名，且从 14 世纪起就是这里的传统美食。这里有传统的手工世家（德尼斯·瑟诵，马尔塞勒·里西奥，下有“圣丹尼”品牌的拉斯图伊），也有更大的世界蜜渍水果工厂，在一个同样热心制作蜜渍水果的英国人（凯利·阿普图尼昂）名下。

水果首先要置于微酸的水里浸泡，以便能够久存，也避免其氧化和发酵。随后，将其浸入糖浆中，在小铜锅里水煮七次，取出待用。最后在盘子中，给水果裹上糖面。这么做，只是让糖起保鲜作用，而水果保留着其果浆的味道。渐渐地，水果脱去水分，只留有果肉、果浆和果香。拉斯图伊家从1873年开始制作蜜渍水果。德尼斯于2002年在博迈特以自己的名字成立了蜜渍水果工厂，根据不同水果的收获季节，全年都在努力工作，手下只有四个助手，没有再多的人了。1月份是橘子的季节，2月份是橙子皮、柠檬和枸橼，5月份的草莓，7月初的杏子，而8月底是处理无花果、甜瓜和李子的季节。随后到了秋天，就是梨子的天下了。大多数水果（除了杏子和草莓）都可以冷冻，也就全年都可以制作生产。

7月和8月是工作量最大的时候，由于它们的出售时期正值年底的节日——蜜渍水果是传统的普罗旺斯圣诞十三甜之一。它和著名的蜂蜜棒糖一样，都为马赛人所钟爱。

◎ 右图. a. 著名的艾克斯小杏仁蛋糕，用杏仁和甜瓜制作而成。b. 名扬四海的尼古拉·阿尔伊亚利橄榄油 (Nicolas Alziari)。c. 皮特·梅勒 (Piter Mayle) 在鲁尔马蓝 (Lourmarin) 的露天咖啡座。d. 博玛尼埃尔 (Beaumaniere) 春季的蔬菜。e. 普罗旺斯地区莱博真正的牧羊人。f. 在马赛撒丁盒子餐馆里，法比昂·里吉 (Fabien Rugi) 手上的腌鲻鱼鱼子。g. 马赛老港口的鱼市场。h. 芒通，用来做果酱拱门的柠檬。i. 蒙特利马尔 (Montélimar) 的牛轧糖。

a

NICOLAS ALZIARI
HUILERIE
NICE
nice matin
b

c

d

e

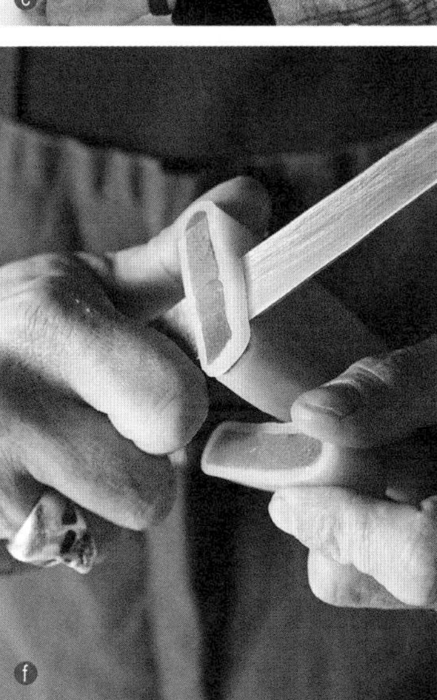
f

g

h

i

◎ 让 · 托桑 (Jean Tosan)，圣阿涅斯地区的芒通柠檬生产者，传承了传统的家业。柠檬采摘是依靠在不同的道路上的纯手工采摘，摘下后装在承重不超过 10 千克的木条筐里。柠檬树栽种在露天平台或者干石梯田上，需要不断在旧的基础上翻修，以保证柠檬树能享有最佳的日照。

芒通柠檬

它是蓝色海岸最美味的柑橘类水果……浅黄色，长椭圆形，表面或光滑，或粗糙，或有细纹，尾端像凸起的小圆丘，果皮或薄或厚，紧贴着饱有可口酸汁的果肉。这种尤力克 (Eureka) 或桑塔特蕾莎 (Sainta-Teresa) 品种的柠檬，在 1900 年十分多产——在那时每年出产 3000 吨，如今变得稀有——1970 年起每年只有 400 吨的产量。在博索莱伊、洛克布里伊、芒通，以及马丁角之间，依赖着温和的气候，不受风的侵袭，一棵柠檬树平均一整年间，包括冬天、春天和夏天，出产 20 千克柠檬，人们用它做成酸爽可口的果酱、浓缩果汁、糖果糕点，也用其精油来做化妆品和药品。每年（2 月和 3 月），芒通市都会穿上节日的盛装，用 130 吨柑橘类水果摆出巨大的彩车和鲜花，来庆祝高贵的柠檬。

你认识蜂蜜棒糖吗?

起初，蜂蜜棒糖是一种冬天的美食，在普罗旺斯地区到处都有它的身影。人们把蜂蜜置于火上，只是简单地烘烤后，放在石板、盘子或者纸上，稍过片刻即可食用。19 世纪蔗糖开始流行起来，人们把它加入到蜂蜜中，再添加葡萄糖。蜂蜜棒糖就这样诞生了。阿莱奥市的人们，每家香料店都开始销售它。1840 年，布雷蒙兄弟建立起一家工厂，开始更大规模地生产和销售它。雅克・泰斯塔的曾祖父埃米尔・埃默里，将这家工厂买下并扩大。弗朗西斯，他的祖父，发明了著名的包裹蜂蜜棒糖的纸，并一直印着他们名字的首字母。让・泰斯塔，“渔业劳资调解委员”，娶了弗朗索瓦的女儿，并重操家业。

在他的店铺“蓝磨坊”里，雅克，最新一代人，穿着他牧羊人的宽大蓝色上衣，

◎ 临近圣诞节，在阿莱奥市，雅克・泰斯塔在检查他工厂制作出来的第一批蜂蜜棒糖的质量，这些棒糖几天后将作为“十三甜”中的一甜在马赛出售。棒糖被装在一起，它们的糖纸一一相连，被中间的褶皱分隔开来，糖纸同时也是隔光的。出现这种糖的时候，糖在这片被让・吉奥诺 (Jean Giono) 描述为“野蛮而贫穷”的普罗旺斯地区是很稀有很贵重的。

使蜂蜜棒糖重新成为普罗旺斯著名的“圣诞十三甜”之一。这“十三甜”分别是：干果（核桃、杏仁、榛子、葡萄干、无花果），鲜果（苹果、甜瓜、葡萄），当地水果成品（比如马赛的橙子、阿莱奥的蜂蜜棒糖、阿普特的蜜渍水果），最后还有“国王们”，它们是黑牛轧糖、白牛轧糖和蓬普油烤饼。

蜂蜜的制造过程是怎样的呢？很讲究。在圆底不锈钢小锅里，烧薰衣草花蜜或各种花蜜，加入糖和葡萄糖，要注意让它们保持柔软且均质（也就是我们说的炼制成结晶状）。一小时后，取出呈棕色的结晶物，在大理石上冷却，随后用钩子将其拉长（这一拉长的过程，普罗旺斯方言称为“ganchou”）。静待其变为金黄色，并且上面开始泛着珠光般的奶油色时，向糖浆里注入氧气，使其自然氧化而变白。随后在保存糖的糖纸上拉伸糖。在糖纸上印有仿古的说明文字，标明：“注意：将糖棒拿在手上加热糖棒的一端，以使糖纸分离。”

由于没有添加任何稳定剂，蜂蜜棒糖很脆。当干燥的密史脱拉阵风（法国南部及地中海上干寒而强烈的西北风或北风。——作者注）吹来时，糖棒会折断；而下雨时，潮湿的空气又会让它变软！

雅克·泰斯塔同样也推荐了软软甜甜的牛轧糖，里面加了至少30%的蜂蜜，以及用硬面粉、杏仁、麦芽糖和微酸的糖果做成的“咬坏牙”（杏仁脆饼）。

神圣的橄榄

它是能够使整个大区结合成一体的食物。在这里的橄榄树上，成熟后能够直接采摘的美丽果实，有各式各样的品种：卡耶提埃 (cailletier)、皮肖利 (picholine)、弗黛尔 (verdale) 或探什 (tanche)。它们产自尼斯、莱博 (Les Baux) 河谷，或者吕博龙 (Luberon) 地区，眉山一侧的上普罗旺斯地区，普罗旺斯靠近德龙省的地区，以及尼永地区。橄榄是能为蔬菜、鱼类、肉类增添美味的珍宝，也可以用来做冰淇淋球和油橄榄酱，它的出现为所有的菜肴平添了贵族之气。当地的面包和薄饼也少不了它：普罗旺斯香草面包、艾克斯面包、洋葱塔、蓬普油烤饼、圆馅饼，还有尼斯索卡薄饼和油煎鹰嘴豆粉糕饼，最后这两个是用鹰嘴豆面粉精细制作而成的。橄榄给普罗旺斯地区带来了简单而庄重的味道。

沙龙奎(Salonenque)、探什(Tanche)、格洛桑(Grossane)、皮肖利(Picholine)……橄榄，普罗旺斯的象征物，尤为受到太阳烘烤下的内陆干旱山丘地区人们的青睐。

◎ a. 要做出上乘的橄榄油，需要将青橄榄油和更为成熟的橄榄油混合，就像图中等待压榨的橄榄。b. 尼斯市，在“阿尔伊亚利磨坊”，每个人都带着自己的橄榄来“研磨”：根据古老的机制用石制模具磨碎橄榄。c. 阿维尼翁市，菲利普·布龙兹尼(Philippe Bronzini)，在“夏尔特斯油磨坊”里为制作一种果香十足的油而做准备。

◎ 12 月，挂在枝头将要成熟的尼斯橄榄。在普罗旺斯大区，人们在每年年末和第二年年初时采摘橄榄。为此，要在树下铺上网袋。

一种为大海而生的美食

普罗旺斯的海洋财富，在马尔蒂盖市最为有名，也名震整个地中海、土耳其和意大利：腌鲻鱼鱼子，写作 poutargue 或 boutargue。又干又咸的鲻鱼鱼子，覆盖上蜂蜡，不加任何添加剂和防腐剂：它是一种备受欢迎的鱼子酱，和大量的面食、米食、沙拉及各色菜肴都能搭配。它在古罗马时期就受到热捧，由一些阿拉伯人从西班牙引入普罗旺斯，同时也要感谢腓尼基人，他们在公元前 6 世纪就建造了马赛。而古希腊时期就诞生的这种海味小点心，有着悠久的历史。拉伯雷 (Rabelais) 在他四分之一的作品里都提及了它，比如高康大（《巨人传》中的人物。——译者注）吃的是腌鲻鱼鱼子。18 世纪以来，它成为马尔蒂盖港口的特色美食。它是渔民们的快捷食品，也是年底节庆时普罗旺斯地区的高等食材。腌鲻鱼鱼子无论是切成薄片还是磨碎，配上鲜奶油，蘸一点儿酱，用来点缀鱼的味道，都十分美味。配上奶油，它能摇身变为大受欢迎的鲻鱼鱼子酱。

我们还要在此写下其他的特色海味，乌贼、鮟鱇鱼（在普罗旺斯地区称为

baudroie，在地中海称为 lotte）、狼鲈（地中海靠普罗旺斯这边）、绯鲤、鳕鱼——人们用来做鳕鱼干，也就是用番茄酱汁腌渍鳕鱼并风干，就像以前用来保存鱼的方法一样——鲷鱼，也被叫作“漂亮的眼睛”，或者虾蛄、海鳗、海鲂以及沙丁鱼，还有海鞘、红肉金枪鱼，它们都是这个地区大大小小餐桌上的美味佳肴。

“马赛鱼汤”或者“鱼汤煮沸时，就转小火炖”

可以要求享有普罗旺斯首府之称的马赛市的荣耀，显然是马赛鱼汤，最初是穷人或渔民——这两类人差不多是一回事——的食物，过去地中海海湾的渔民们将卖不出去的鱼贝拿来炖的鱼汤。这种鱼汤在普罗旺斯方言里被称为“马赛鱼汤”(Boui-abaisso) 或者“鱼汤煮沸时，就转小火炖”(si ca bout, tu baisses)，指原料放入小炖锅时先大火煮开再转小火炖。人们都往鱼汤里放些什么呢？岩石中的鱼(鲉鱼、龙腾鱼、绯鲤或红鲂鱼、海鲂或鳗鱼)，梭子蟹——小青螃蟹，枪乌贼（在马赛当地方言里被称作 totenes），土伦市的鱼汤里还有土豆，接着还有蒜泥蛋黄酱浓辣味杂烩鱼汤、虾蛄，真可谓一场不期而遇的美味；鱼汤里绝对不会有龙虾，要是有的话也只是为了讨游客的欢心！对于马赛鱼汤最好的诠释，来自艾克斯的作家阿尔弗雷德·卡普斯 (Alfred Capus)：“马赛鱼汤，是鱼和阳光的交融。”这一诠释被写在了马赛“丰丰家”酒馆 (chez Fonfon) 和“奥夫山谷”酒馆 (vallon des Auffes) 的墙上。在米拉马尔市 (Miramar)，加泰罗尼亚大道上的布法家餐厅 (Buffa)，米歇尔家餐厅 (Michel)，马赛鱼汤都是招牌菜。甚至在巴黎也是，克里希广场 (Clichy) 上的夏洛特家餐厅 (Charlot)，蒙帕纳斯 (Montpanasse) 大街的多姆餐厅 (Dôme)，或者圣拉扎尔火车站 (Saint-Lazare) 对面的伽尔尼家餐厅 (Garnier)。仔细地剔除了鱼骨后的鱼，藏红花佐料熬出的汤，软软绵绵的土豆，入味刚好的鱼肉……世界上最好的马赛鱼汤？可能是索尔德罗兄弟 (Freres Sordello) 的鱼汤，可谓此中的艺术品，他们的餐厅是坐落于昂蒂布海角 (cap d'Antibes) 的巴贡餐厅 (Bacon)，他们每天清晨去戛纳的伏尔维勒市场 (Forville) 购鱼。他们在盘子中重现了天然的碘盐和精细的藏红花清炖鱼的味道：纯粹的美味使得从前是穷人餐食的马赛鱼汤成为帝王佳肴！

◎ 左图：面对卡普戴尔（Cap-d' Ail），格里马尔蒂（Grimaldi）小船上，最后一批进行近海捕捞的渔民。老马赛港的港口。让人想起了帕尼奥尔的基督山三明治和美味的马赛鱼汤！

◎ 右图：在鱼市上，鲉鱼、龙腾鱼、红鲂鱼、锯鲉，当然还有其他的……阳光下的这些鱼不会出口到马赛港以外的地方，却会出现在有名的菜肴和大餐里。

“圣母认可”的味道

普罗旺斯－蓝色海岸大区的特色美味数不胜数：蔬菜蒜泥浓汤、蔬菜乱炖、尼斯洋葱挞、银鱼柳酱、蒜泥蛋黄酱炖鱼汤、尼斯沙拉、吞拿鱼三明治、小馅饼、普罗旺斯调味酱、圣特罗佩挞……我们还可以悉数点出的有船型饼干，一种原味或其他味道的长形饼干。同样，在十分细心的面包师约泽・奥西尼（Jose Orsini）家，我们也能看到船型饼干，还有马卡龙、巧克力杏仁脆饼以及优质的茴芹圆饼干。在偏离市中心的地方，还有更为别致的“飞船烤箱”糕点店。

还有一个和船型饼干一样经典，但属于不同种类的美味：蒜泥蛋黄酱。它可以作为一个调味品（加有大蒜和橄榄油的蛋黄酱，它的名字是大蒜和橄榄两个词组合在一起造出来的词），也可以作为传统封斋节的菜肴。作为一道菜肴时，也就是蒜泥蛋黄酱风味的蔬菜鳕鱼，是把去盐的鳕鱼和蔬菜炖牛肉里的蔬菜混合在一起，搭配蛾螺、鱿鱼或枪乌贼、硬牛肉和沙拉。

说到肉类的话，就是西斯特宏 (Sisteron) 或阿尔皮伊 (Alpilles) 的绵羊肉，羊肉取自野外放养的绵羊，又加入了百里香、迷迭香、风轮菜一起做成的，还有乳山羊以及享有 AOC 标识的卡马尔格 (Camargue) 公牛，它的肉紧实而美味。人们喜爱吃的特色肉制品还有羊蹄羊肚卷（是把羊肚卷在番茄浓汁里慢炖出来的）、瓦尔鹌鹑和阿尔香肠（它起初是用驴肉做的）。

最后，怎么能不说说著名的菱形艾克斯小杏仁蛋糕呢？有传说是勒内国王的糕点师在他的婚礼餐宴上无意中发明的。由杏仁——艾克斯地区的人们是很讲究吃的，甜瓜——阿普特是其主要产地，还有桃子和杏子做成，小杏仁蛋糕如今已跨越国界，成为被人们熟知的法国特色美食之一。杏仁磨碎和蜜渍水果混合成均质，之后再在上面盖上一大层用糖面和米面做成的面饼。然后将其放入 160℃的烤箱中烤 20 分钟，最终成型。有个条例规定：杏仁蛋糕中至少要含 30% 的杏仁。维克多－雨果大街上的雷奥纳尔·帕尔里家的杏仁蛋糕中含杏仁浓度高达 42%。他家店面外观规整，是 1910 年至今的百年老店，店里经过精细的粉刷，有着高高的天花板，摆着镜子，制作工厂就在糕点店楼上，在此工作的 20 名员工都十分热爱这份工作。

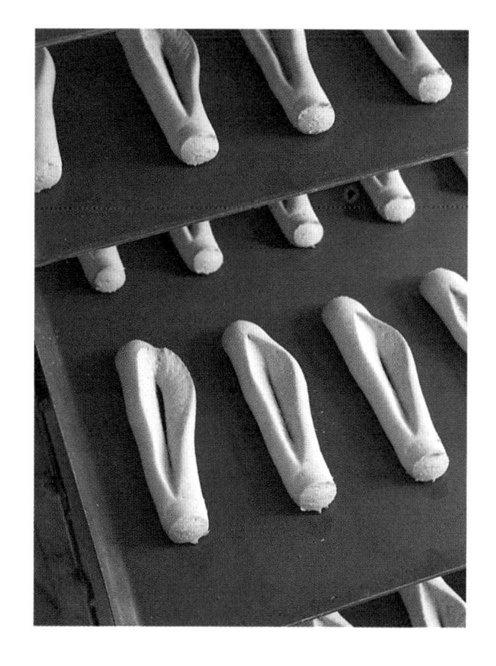

◎ 整体来看与马赛这座城市有着异曲同工之妙，船型饼干是一种美味的长形干蛋糕，它的形状让人想起马赛岸边载着拉萨尔的小船。饼干可以做成原味、橙子味或者柠檬味的。传统上，普罗旺斯船型饼干是一种为圣蜡节而准备的糕点。

马赛鱼汤

塞尔日·菲力平（Serge Philippin）
巴贡（Le Bacon）
昂蒂布（Antibes）

6 人份

1.5kg 鲉鱼，1kg 海鲂，6 片鳗鱼，4 条龙腾鱼，3 条红鲂鱼，6 片鮟鱇鱼，1kg 做汤的鱼，藏红花，胡椒，盐，茴香，大蒜，橄榄油，洋葱，番茄，土豆

用橄榄油大火爆炒洋葱、大蒜、番茄至橙黄色。加入洗净并切段的用来做鱼汤的鱼，一起搅动，直至得到稳定的糊状物。倒入开水，大火沸煮至少 1 小时。然后加入茴香、香芹和胡椒。绞碎，放入小漏勺中。

加入切成大块的生土豆，再根据鱼的大小和鱼肉的熟度（鲉鱼、海鲂、鳗鱼、鮟鱇鱼）加入其中。煮 20 分钟。

在出锅前 5 分钟，加入红鲂鱼和龙腾鱼。

烹调结束，取出鱼和土豆，撒盐食用。

11

科西嘉

玲珑的小岛

深藏不露的是科西嘉岛：我想到了玛丽 · 苏西尼的一本书的名字，书中还有克里斯 · 马尔科为这个小岛拍摄的黑白照片。我们以为这个小岛会依靠祖国（法国）来发展，而它更多的是依靠自己的村庄、大山、树林、蜿蜒的道路和它的传统。总的来说，是依靠它自己。

◎ 左图：萨尔泰讷的吉泽尔 • 洛维奇，是科西嘉传统厨艺的守护人。独立、谦虚、固执，她一直维护着柏岱岛食品的质量。我们在她的餐馆，桑塔 – 巴尔巴拉的花园里见到了她，她正在采摘用于做鸽子饲料的香桃木草。

一餐质朴而丰富的盛宴

味道浓厚而鲜明，是自给自足的当地人喜欢的农家菜肴的味道。他们在葡萄酒上大踏步向前，他们的利口酒（如香桃木酒）十分香甜，有时还会带有淡淡的药香，他们的橄榄油（马尔基利亚尼橄榄油〈Marquiliani〉）精巧美味……这个令它的邻居热那亚人和托斯卡纳人艳羡的小岛，如今也是生活在都市里的旅行者们心驰神往的地方。要想发现它，就要毫不犹豫地离开平坦的坡路，去探索阿尔塔・罗卡的崎岖小路，比莱拉神奇的峰尖，萨尔泰讷堡高大的灰色侧影。科隆巴市，在小说《梅里美》(*Merimee*) 中被称为“科西嘉所有城市中最为科西嘉的城市”。也正是在那里，和蔼亲切的吉泽尔・洛维奇，当地的“餐饮之母”，一直追求着极致的烹调，或者说曾经一直如此，因为如今她更多的是在餐厅大堂做管理而不是在厨房。她的每日套餐囊括了当地所有的传统美食：浓郁醇香的苏瓦松扁豆汤，农家猪肉，塞肉馅的羔羊后腿配布鲁西奥奶酪西葫芦，奶酪拼盘和新鲜果盘。菜单就像写满了各种味道的文集，书写着用岛上花园里、海里、内陆上出产的蔬果鱼肉精细烹调出的菜肴。吉泽尔的女儿玛丽－皮埃尔热情洋溢地解说着，并端出一盘盘菜肴，上面只浇了一点儿橄榄油和醋做酱汁就美味至极的蔬菜，为传统鲜汤画龙点睛的一小撮碎大蒜，萨尔泰讷风味小肠配清淡番茄汁。布鲁西奥奶酪肉馅卷，香桃木酒鸽肉（用花园里的野生浆果枝制成的促

◎ 右图：a. 阿雅克肖扁豆猪肝肠。b. 吉泽尔・洛维奇的香桃木鸽。c. 奥尔西尼产区的香桃木酒。e. 巴拉捏磨坊的橄榄油制造者。f. 卡尔维大区山上的村庄。d. 枸橼，岛上标志性的柑橘类水果。g. 阿雅克肖的腌制猪腹肉卷。h. 保罗・马尔卡奇 (Paul Marcaggi) 猪的饲养员，在尤斯塔祖店铺。i. 波克涅诺地区的农家面包。

a

b

c

d

e

f

g

h

i

消化的利口酒）。我们还要为蜂蜜香梨法式吐司，要趁热吃的苹果千层挞，和蜂蜜冰牛轧糖留有一席之地。而萨尔泰讷的桃红葡萄酒就如邮局的信件般，理所应当被提及。吉泽尔，已退休却仍然念念不忘她的餐厅，虽然它并不是科西嘉唯一的美食风景。

还有宝琳娜·茱莉亚尔，在科西嘉岛北部的圣弗洛朗（高地上，穆拉托附近的岗普迪蒙特）农庄里，直接向人们供应“科西嘉餐”，当然不是普通的套餐。选座位饮品，喝的是当地的麝香葡萄酒，作为前餐是新鲜的奶酪炸糕，随后是美味的农家火腿和香肠。接着，主菜有招牌科西嘉小牛肉，是用红酒炖烂的，还有另一道菜，布鲁西奥奶酪鱼肠或甜菜球，学名叫“闷神父”。我们要再三申述，这道菜实际上比它的名字还要随意。然后呢？就是托姆奶酪、绵羊奶酪以及在葡萄酒渣中酵化成熟的“重口奶酪”，再配上无花果和番茄果酱。接着口味清淡的酒浇炸糕，最后是木头炉子上做出的菲亚多讷蛋糕，配橘子果酱。这些菜也会有变化。复活节时会有羔羊肉，圣诞节时会有小山羊肉。我们不再多说……

◎ 在阿雅克肖老城的餐馆里，潘泽塔（腌制猪腹肉）百合。潘泽塔是许多科西嘉菜的基础原料。

我还会想到罗卡·塞拉的农场客栈，坐落在勒维对面的阿尔塔·罗卡森林的中心。客栈的名字叫阿皮尼亚踏，也就是小锅的意思。客栈中的美味正是用小锅烹制的。蔬菜蒜泥浓汤，自制香肠火腿猪肉盘，油封羊肉，布鲁西奥肉馅卷，番茄汁扁豆，来自邻近农庄的奶酪（山羊或绵羊托姆奶酪），美味的酒浇炸糕：这就是罗卡·塞拉家的一份理想菜单。这家农场客栈是安东尼和莉莉于20世纪80年代创建的。那时，它还是一个原始的农庄客栈，没有水电。随后成了旅馆庄园，内设简单的房间和阳台，阳台上能看到野外美丽的风景，常常让人忘了时间。他们的两个儿子，让－巴普蒂斯特和安东尼，轮流负责厨房、吧台、大厅和卧室。两个媳妇也都热心地帮忙，玛丽－露丝负责室内布景，而玛丽负责记录抄写、行政管理。让－巴普蒂斯特和安东尼也有他们分管的领域——放养小牛和黑羊，制作家庭成员吃的肉制品、橄榄油和蔬菜。住在这里的人们可以自给自足。这里是一个会根据季节而稍加改变的客栈：夏天这里会搭起供人们享用早晚餐的露天阳台，冬天这里会提供带壁炉的温暖小木屋。这里不仅仅是一个热情的处所……

◎ 巴拉捏地区，以其富饶的土地闻名，被称为“柏岱岛上的花园”，用这里的葡萄，在靠山面海的卡尔维岸边生产出来的小岛北部的酒，口感细腻而精致。出产这种酒的几个产区（玛艾斯塔西、雷努西、库龙布园、阿尔兹普拉图、兰德里园），成为小岛最出名的地方。

一系列的 AOC 标识

科西嘉岛共获有 13 个 AOC 标识，创造了身为一个小地区却富可敌国的纪录。有 AOC 标识的科西嘉葡萄酒由多种品种的葡萄酿造而成——共有 150 余种，然而主要是维蒙蒂诺白葡萄 (vermentino)、涅露秋葡萄 (nielluccio)——它与托斯卡纳的桑娇维塞葡萄（Sangiovese）有很多共性，以及西雅卡雷罗红葡萄 (sciacarello) 三种。用它们酿造出来的酒口感圆润、清新、高雅而果香四溢。第一种葡萄酿出的酒呈胭脂红色，味道辛辣而强劲，后两种葡萄酿出的酒，果香丰富，色泽鲜艳，和其他许多种南部葡萄品种能自然而然地融合在一起，神索 (cinsault)、西拉 (syrah)、歌海娜 (grenache)、慕合怀特 (mourvedre) 或佳丽酿 (carignan)。这些种类的葡萄都能在巴拉捏地区的卡尔维市里找到（其中我很喜欢 E Prove，一款菲力西拓的玛艾斯塔西庄园出产的口感轻盈的红葡萄酒），还有在科西嘉角和巴特摩尼奥（在葡萄汁发酵过程的中途，添加白兰地或葡萄酒，使其终止发酵，而得到小粒麝香葡萄，用其做成优质的麝香葡萄酒，值得赞颂的产区有让蒂勒〈Gentile〉，尼克罗西园〈Clos Nicrosi〉，或者皮埃尔迪园〈Pieretti〉。——作者注），以及在小岛南部的菲加里、韦基奥港、萨尔泰讷（圣阿尔梅图以及费米西科里的诱人的特级酒都很不错），或者靠近阿雅克肖也有。

其他享有 AOC 标识的还有科西嘉的蜂蜜，科西嘉橄榄油，岛上有几种典型的品种（吉日尔玛纳、萨比娜、赞扎拉），科西嘉的栗子粉和布鲁西奥奶酪。最后提及的奶酪我们要特别说明一下，它是岛上具有代表性的奶酪，自 1983 年起享有原产地命名控制标识。首先要注意的是：如果你不想自己被当作“歪果仁”（外国人），最好把这个词读成“broutch”（布鲁奇）……奶酪的做法是：将当地饲养的山羊或绵羊的乳清，加热到 40℃～ 50℃，再向里面加入盐和全脂山羊或绵羊奶。搅匀这种混合物，并加热到 80℃。撇去浮沫后，将布鲁西奥奶酪放到灯芯草（卡斯加日或法多日）模子里，或者塑料模子里。随后它就会变成柔软滑腻的奶酪。布鲁西奥奶酪是在山羊或绵羊产奶的时候，也就是秋末或正夏的时候生产的，而全年随时都可以食用。它是成熟的咸奶酪（高品质的被称为布鲁西奥・帕苏）。新鲜的奶酪被用作蔬菜、面食（意式肉馅卷）或肉食类不同菜肴的内馅。在糕点店里，它又摇身变为果馅挞（尤其

◎ 科西嘉岛最引以为傲的奶酪之一，是有着褶皱酪皮的卡布里求奶酪。它是用多奶的科西嘉山羊奶经过完美成熟而制成的，比布鲁西奥奶酪更出名。它和布鲁西奥奶酪一样，是在山羊或绵羊产奶的时候，即秋末或正夏生产的。

科西嘉的猪是在树林和丛林里半放养的。岛上丰富而种类繁多的食物，让其肉质口感独特。

◎ 科西嘉的猪肉制品，是用波克涅诺地区野生放养的猪的火腿肉，在农庄里切开制成的。保罗·马尔卡奇，山里放养猪的饲养员，他面对着树林里正在寻找橡果的猪。

是典型的柠檬碎菲亚多讷蛋糕）和炸糕。它也可以作为乡村美味甜点直接食用，要在上面撒上糖屑，浇上白兰地。

另外，享有AOC标识的猪肉制品，是小岛的骄傲。科西嘉岛上的猪肉制品是很晚才享有AOC标识（2012年）：这是为了保护岛上这个即将不复存在的杰作。有太多的火腿、龙佐猪脊肉香肠和库巴火腿都自称产自柏岱岛，而其实只是打着这个岛的名号在出售罢了。库巴火腿（风干精炼的猪脊肉火腿）、龙佐猪脊肉香肠（盐渍、风干、加胡椒的去骨猪脊肉香肠）、普利苏图火腿（干火腿），如今都已品牌标签化，只有符合严格的控制规范生产出来的产品才能贴上品牌标签。猪肉需要来自纽斯塔品种的猪，这种猪长着深色带斑点的皮毛，长而下垂的耳朵，尖尖的猪嘴，它们吃橡果和栗子。它们的肉在3月到10月被风干精炼，普利苏图火腿需要经过12个月的风干来沉淀榛子的香气。龙佐猪脊肉香肠要在葡萄酒中搓洗，而库巴火腿在5个月的风干成熟后就可以食用了。订立标准的人员还没有授予用混合肉制成的猪肝肠AOC标识，所以只有科西嘉岛的猪肝肠生产者自己来宣传发扬这一美味的U形肠了。它是把猪肥肉、猪瘦肉、猪肝混合在一起，灌入香肠中再风干，最后在木炭上烧烤而成的。保罗·马尔卡奇是最为坚持不懈地推崇这一美食的代表，他在阿雅克肖市中心，波拿马大街1号的尤斯塔祖商铺，开设了一个展示当地优质产品的橱窗。这里有来自整个科西嘉岛的优质成熟奶酪，马尔基利亚尼的橄榄油，还有蜂蜜、果酱、利口酒和蒸馏酒，精选葡萄酒，广口瓶装的四季豆，或栗子树和香桃木编织成的篮子装的四季豆，这些食品在这里都卖得很好。然而，这家店的至宝是来自波克涅诺家工厂的特级猪肉制品。这位山里的火腿专家，是手工猪肉制品的第五代继承人，对外出售的有香肠、库巴火腿和猪肝肠。

◎ 欧润嘉矿泉水含天然气泡，因富含铁元素而备受欢迎。古罗马时代，罗马人就因温泉疗养而来此地。

欧润嘉：科西嘉的矿泉水

在栗子的国度，卡斯塔尼西亚小镇中心，有着科西嘉岛隐藏得最深的秘密。欧润嘉泉水流淌在皮艾迪库斯和拉帕奇奥两镇之间，是从古罗马时期就闻名于世的天然矿泉水源。19 世纪时吸引了不少温泉疗养者来此泡温泉、按摩，治疗贫血、神经系统问题、疟疾、肝脏和肾脏等疾病。在有意保护其特色的基础上对这里进行了翻修，如今迎来了它美好的前景。当地的一个孩子弗朗索瓦 - 沙维耶 · 莫拉用魔法棒给这里施了一个魔法，这个孩子就是兰颂香槟和贝塞特 · 德 · 贝勒丰的总经理，他根据欧洲标准对产品进行了全自动化生产。为了保持矿泉水的天然，要先除去自然氧化水中过多的铁元素，然后再向过滤后的水中打入气泡。天然的欧润嘉水富含提供能量和维他命的铁元素，而只含有少量的钠元素，十分解渴，在抑制贫血和肠胃消化不良等问题上尤为出名。欧润嘉矿泉水被包装在漂亮的蓝色小瓶中，标签十分优雅，被阿兰 · 杜卡斯带到了法国盛大宴席的餐桌上。

山与海之间的土地

科西嘉岛上的美食不仅来自于地面，海里和淡水里也有数量庞大的食材：齿鲷、白海雕、大西洋鲷、鳗鱼、小沙丁鱼（尼斯沙丁鱼鱼苗）、锯鲉、蜘蛛蟹、牡蛎、鲻鱼、海胆、螯虾、绯鲤、沙丁鱼、金枪鱼或鳟鱼。这些只是海边丰富食材的一部分。

我们也不能忽略高品质的肉食：科西嘉小牛肉，其中在塔瓦罗山谷里有名的虎斑小牛算是一大特色，乳羊、小山羊、野猪，甚至不太出名的曼族牛（一种生长缓慢的小公牛，和丛林里放养的小牛类似），肉质柔嫩而可口，搭配汁烧土豆一起食用是一种享受！美味的甜点也可占据一席之地：蜂蜜、无花果果酱、草莓果酱、香桃木果酱、蜜渍枸橼、精致的杏仁脆饼，它是科西嘉经典糕点，香甜而干脆。杏仁脆饼是科西嘉最为出色的饼干，与意大利杏仁薄饼很接近，由栗子粉和小麦粉混合而成的面团制作的，上面装点上杏仁，再根据个人口味、心情和意愿调成不同的香味：白葡萄酒味、麝香葡萄酒味、葡萄味、巧克力味、茴香味、柠檬味、鲜蛋味、橙子花味。在阿雅克肖市名为卡尔迪那－非什的热闹街道上的伽蕾阿尼家糕点店里，我们还能看到其他美味的科西嘉糕点：咸味或甜味的意式烤面包、甜菜面包、栗子皮布鲁西奥饼、布鲁西奥蔬菜挞……同样在阿雅克肖市，阿松普雄大街6号的“I Friteddi di Ghjaseppu”糕饼店，约瑟夫·卡派最为推崇的是他家的布鲁西奥奶酪炸糕、野苣糕、意式可乐饼（炸米团），和著名的菲亚多讷蛋糕（布鲁西奥奶酪和柠檬）。仅仅用新鲜橘子或橘子果脯，一片饼干或枸橼果酱炸糕，便能完成一道科西嘉菜肴。而马伏拉蒸馏酒、枸橼蒸馏酒、香李蒸馏酒，或者葡萄蒸馏酒，爽口而柔和，作为温和的消化酒同样大受欢迎。

◎ 科西嘉柑橘，多汁，酸甜，无籽，如珍宝般。它的收获季节很短：只有两个月，11 月到 12 月，在这时品尝它能给人们带来无穷的力量。科西嘉的柑橘，细腻而美味，自 2007 年起享有 IGP 标识。

科西嘉岛上神秘的柑橘

柑橘是岛上最具代表性的水果，是在奥兰市附近建造米塞尔干孤儿院时被发现的，距今已有一个世纪。负责苗圃的克莱芒神父，在这里发现了一棵不同于其他橘子树的树，树上的果实比普通橘子也要小。于是，他用自己名字的阴性形式将其命名。从那时起，柑橘在气候温和的柏岱岛东部平原兴盛起来，多雨潮湿的气候赋予了它橙色的果皮、细腻的味道和怡人的香气。人们喜爱它酸酸的味道、新鲜的果汁，以及没有籽的果肉。柑橘树上长有细长鲜绿的叶子，而柑橘则长着橙色的薄皮，这些都体现了地中海水果最简单的美。秋末到隆冬，是柑橘的成熟季节，每年会有16000吨的柑橘产量。“科西嘉柑橘”从 2007 年起享有 IGP 标识。

红酒香料炖梨

吉泽尔·洛维奇
桑塔·巴尔巴拉客栈
萨尔泰纳

6人份

8个香梨，1L科西嘉红葡萄酒，200g糖，4根甘蔗，1瓣香草，5～6根丁香，6片橙子，6片柠檬

将梨去皮去核，留下连着的梨柄，放入平底锅中。向锅内加入红葡萄酒、糖、香料、橙子和柠檬，用一张铝箔覆盖在梨的表面，点火蒸煮。

不时用刀尖戳一下梨来观察梨是否煮熟，一旦煮熟立刻取出。继续煮红酒直至得到浓稠的汤汁。

梨要配合香草冰淇淋一起享用，在盘边放上橙子片和柠檬片装饰，最后淋上红酒浇汁。

12

加斯科涅 – 南部 – 比利牛斯

如达达尼央般的骄傲

南部 – 比利牛斯人以他们自然的乡村节日而自豪。他们带着太阳的口音，喜爱橄榄球、什锦砂锅、马迪朗红葡萄酒（Madiran）和阿马尼亚克白酒（Armagnac）。他们的地区呢？南部 – 比利牛斯大区，如此美妙的名字，连接着阿基坦大区。怎么能将加斯科涅（法国西南部旧省）人，从他们的邻居，他们的朋友，朗德（属阿基坦大区）人、热尔人、洛特人、佩里戈尔（属阿基坦大区）人中分离开呢？

◎ 左图：图卢兹的紫罗兰糖，19 世纪的传统美食，是将糖浆裹在花上制成。在坎狄福罗家，紫罗兰花要经过清洗、干燥、脱水，再进行第一次结晶。人们用它来装点蛋糕，装饰餐桌，或者配咖啡。它为美味带来了美轮美奂的视觉享受。

鸭子联合国

在加斯科涅，人们以各种形式庆祝鸭子节：油封鸭、鸭胸肉、鸭肝、罐装熟鸭肉酱。这个高质量的罐头食品王国整体来说喜欢禽类，也喜欢黑猪后臀、猪血香肠、干香肠、玉米粒、大蒜、白色的洛马涅大蒜（Lomagne）、粉色的洛特雷克大蒜 (Lautrec)。加斯科涅美味，聚于鸭子一身，而鸭肝，则是他们的招牌产品。鸭肝酱是 1778 年让 - 皮埃尔·克劳斯发明的，他是孔塔德元帅在斯特拉斯堡的厨师。随后尼古拉·杜瓦阳、波尔多法院审判长的厨师，在其中加入松露进行改良。比如，朗德人就因有鸭肝酱而感到庆幸。200 多名小生产商致力于饲养鹅和鸭，给它们喂食当地种的玉米，并根据老方法取出它们的肝。阿尔萨斯大厨们的主要供应商是坐落于蒙托市的拉菲家族，这并不算一个秘密。他们用的鸭肝来自野外放养至少 120 天，并用玉米做饲料喂养的鸭子，他们将其做成生鸭肝酱、半熟鸭肝酱、全熟鸭肝酱，整块儿或带有花纹的。别家的鸭肝酱，无论是凯尔西家的还是佩里戈尔家的，同样也能达到这一品质。还有代尔佩拉鸭鹅肝酱 (Delpeyrat)、瓦莱特鸭鹅肝酱 (Valette)、戈达尔鸭鹅肝酱 (Godard)，或者禄吉鸭鹅肝酱 (Rougie)。禄吉家于 1875 年由其祖父让在卡奥尔市成立，随后在萨尔拉市被悠若丽斯 (Euralis) 收购。这家店一直都是这一行里的翘楚，在萨尔拉市的工厂里，用骡鸭的肝来制作鸭肝酱，被称为“肥鸭肝”。在现代化的技术下，鸭肝被取出后一小时内会被速冻起来，这样做能使大厨们烹调时鸭肝还如新鲜的一样。禄吉家不断开发不同形状与味道的鸭肝酱，在北美的销量排名第一。块状的、罐头装的、片状的、广口瓶装的、陶罐装的、半熟的和原味的，它们还大胆地与其他食品进行了融合：肥肝焦糖布丁、船型皇家一口酥、双胡椒香槟肥肝（几内亚胡椒和沙捞越胡椒）和西柚酸葡萄汁肥肝，另外还有别具一格的绿茶姜汁肥肝冻。

鸭子是不得不提及的……

鸭胸肉！这种肥美的鸭排被热尔人作为特色美食，并由欧什市法兰西大酒店的

◎ 大卫·拉特吉贝尔是巴黎拉丝耶特餐馆的老板兼主厨。这是烹调的卡斯泰尔诺达里风味的什锦砂锅。

安德雷·达甘 (Andre Daguin) 积极地向外传扬开来。当然还有油封鸭！这道菜肴是用各种被填食玉米的禽类肉（甚至兔肉），经过长时间耐心慢炖而成的。这道菜的精髓是什么呢？就是要取带皮带骨头的禽类，放入罐中变陈——最好是陶罐，尽管如今很多油封鸭都是放在广口瓶或者铝罐中做的。油封鸭要趁热吃，最好是酥脆状的，配上大蒜炒土豆（人们称之为萨尔拉菜式，名字来源于黑佩里戈尔地区的萨尔拉这座城市），还可以配上大蒜牛肝菌或者四季豆。

而大区首当其冲的菜肴，是能体现大区富饶而慷慨的什锦砂锅。它来自卡斯泰尔诺达里市，在砂锅（一种伊泽尔地区传统的稀土容器）中烹饪，还要加入羊肉一起炖。在图卢兹，人们还会在其中加入香肠，这也称得上是一种特殊的味道开拓。“图卢兹名副其实的手工香肠”之王称号，于 2001 年 9 月 10 日授予卡尔西亚兄弟。雷拉尔，在维克多－雨果大厅前台工作，而古伊，负责大厅背后的加工房，认真地对“玫瑰之城”这一标志性的食品进行监测。严格的规格化要求，用西南地区切除了神经的猪肩肉、火腿肉，以及猪肉最好部分的肉块，经机器切碎，灌入天然猪肠中，不能加水，也不能有任何添加剂和防腐剂。1961年，吉尔伯特神父制定了香肠制作方法，并被严格遵照执行，使得香肠一直保有独特的质量与味道。在格拉西亚家的大厅里，对外出售的也有独特的伊比利亚火腿、腌干肠、大蒜香肠，以及著名的本家特制洋葱黑猪血肠。

回到我们的什锦砂锅：它需要反复慢炖，里面有可口的四季豆——货真价实的塔布四季豆，它享有不少美名——由于它与玉米相配很和谐，人们称它为玉米四季豆、猪尾四季豆或油脂四季豆，这是由于里面含有鸭脂或猪油。比起卡斯泰尔诺达里市的油封鸭或油封鹅，人们更喜爱羊胸肉和图卢兹当地的香肠，以及卡斯泰尔诺的科比尔猪耳朵和猪尾巴。也就是说什锦砂锅并不只是固定的一种，而是多种多样的，不同的人会在里面“放入一些他们自己想放入的东西以及他们觉得理应放入的东西”。这正和露西安・瓦奈尔所说的一样，他曾是图卢兹的大厨，在洛特区拉卡贝尔－马力瓦市经营了很长时间家庭酒馆后，才搬到莫里斯－丰特维尔街上的。不管怎么说，他在烹饪上能够兼容并包，既可以做简单的菜肴，也可以做复杂的菜肴；既可以做讲究的菜肴，也可以做大众的菜肴；既可以做堪称王者的鸭肝酱，也可以做神圣的油封鸭。

◎ 右图：a. 菲利普・萨尔达，蒙托邦市的猪肉商，手里拿着凯尔西乳羊肉。b. 巴什市莫尼克・瓦莱特的大块儿油煎糖糕。c. 让－贝尔纳・维达，蒙托邦附近蒙泰什市的牧羊人兼奶酪商。d. 穆瓦萨克的莎斯拉葡萄。e. 拉若尼口香糖。f. 巴黎海伦・达罗泽家的阿马尼亚克年份烧酒。g. 在蒙托邦附近，奥利耶市的鸽舍农庄里，给鹅填食。h. 图卢兹百年老店毕本餐馆的油封鸭肝。i. 雷拉尔・卡尔西，图卢兹干香肠专家。

a

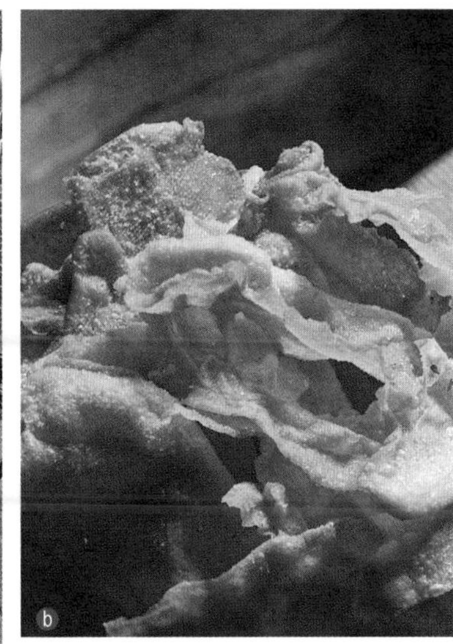
b

c

d

18, AVENUE LARRIEU-THIBAUD
CACHOU
LAJAUNIE
PHARMACIEN
TOULOUSE - FRANCE
e

1904
1928
Armagnac
Armagnac
f

g

h

i

莫尼克，凯尔西之母

莫尼克·瓦莱特（Monique Valette）是巴什村的女王，并以其磷矿场而出名，当地的人们，工人，爽朗的英国人——其中某位杰米·奥利维尔会特意来厨房与她打招呼——都知道她。她出身于一个烹饪世家，跟她的祖母学习了传统菜肴的烹饪方法。罐焖肉、精肉冻（火鸡、肥肝、猪肉）、烤肉糜和沙拉、馅塞鸭脖、鲜葱鸭胸馅饼、萝卜土豆烩羊肉，或者简简单单的烤猪肉，这些组成了她的午餐菜单，作为结束一餐的甜点，有达旦挞、法式吐司、坚果瓦什汉奶酪和焦糖果酱。晚上，人们来这里品味野菌汤，莫塔里奥汤（一种藏红花鸡肉蔬菜浓汤）、酸鱼冻、“金融家”小牛肉配米饭（用小牛胸腺、蘑菇等做成的调味汁）、酸汁油封鸭或羊肚菌炖小鸡。还有，别忘记藏红花香梨挞、红果酱冰糖瓦什汉奶酪、茴香千层糕和提拉米苏。当然，这些甜点的绝佳搭档，是那些能够一饮而尽的低度数新鲜葡萄酒：比如让人赞叹的圣克产区德尼斯·巴拉朗家葡萄酒，艾斯考斯庄的“清凉阴影”葡萄酒，质朴的圣朱利安产区凯尔西丘的卡斯泰尔诺蒙特拉蒂耶名典酒，或者凯尔西葡萄种植联合会在梦佩扎市用橡木桶酿造的“粉质岩石”葡萄酒。莫尼克讲述着这些昔日的菜谱，她一边将一块面团拿到大桌上，一边细心地给我们解释她是如何用苹果、香草和朗姆酒做出世界上最好的茴香千层糕的。

比戈尔黑毛猪

这是大区明星猪的名字，它是一种自由放养的黑毛猪的品种，放养时能够呼吸比利牛斯山和比戈尔山丘上的新鲜空气。20 世纪 80 年代，这一品种已经濒临灭绝，而几个勇敢的饲养者找到了其古老的根源，并进行了精细而认真的培育。于是，这种猪再次在青草地上活蹦乱跳起来，它们吃着黑麦、大麦、青草，也会吃橡果和栗子。它的肉是健康的红色，肥脂分布匀称，肉质细嫩而紧实，富含不饱和脂肪酸，肉的香味扑鼻而来，能做成味美的火腿，与帕尔马火腿和圣丹尼尔勒火腿相似。大

◎ 令人佩服的莫尼克·瓦莱特在她出生的小屋里，她正是在这儿做出了天才般的菜肴。

厨们最喜欢用它身上紧实的肉，比如肋骨、猪排、猪肩、后腿肉来做烤肉，烤至半熟，再配上小土豆，浇上汁。并不是在比戈尔才有加斯科涅黑毛猪。博努瓦·勒维里耶每年会养 150 头猪和 200 只柯萨德母鸡——在塔恩 – 加龙省的洛泽市。他同时也经营着一家农场客栈来售卖他养的加斯科涅黑毛猪，这些猪需要经过很长时间的喂养——40 个月的野生放养，而在养猪场集中饲养的时间只需 4 ~ 5 个月！再用猪身上成熟美味、细嫩含脂的肉制成干火腿、熟肉酱、马达加斯加香梨辣猪肠、意式猪肉肠、干香肠、腊肠、优质猪肉冻。

图卢兹紫罗兰糖

起初，紫罗兰花是古罗马时代的荣耀之花：伊娥，深受朱庇特喜爱的小母牛，给它取名三色堇。这种花被拿破仑军队里的一名士兵用褡裢带到了图卢兹。在光线充沛的冬日里，它在图卢兹的腐殖土里遍地开花。尤金皇后创立的园艺联盟，使其声名大振。图卢兹在法国、英国以及北欧到处宣扬当地的紫罗兰，因为这种植物就算是引入别处也无所用。19 世纪末，图卢兹的甜食商，奥泽讷大街上的 M. 维奥尔，在花上裹上了一层糖浆，使其变得可以食用。从那时起，人们用它来装点蛋糕、装饰餐桌。所有需要用到它的甜点商都会到戴斯库鲁布雷巷子里的坎狄福罗家进货，他家一直以来都在制作紫罗兰晶糖。

◎ 左图：夜幕降临时，洛兹市的莫尼伊农场前，博努瓦·勒维尔正在配制猪肉什锦盘，猪肉用的是他在野外放养的猪，而品种是快要灭绝的比戈尔黑毛猪。

◎ 右图：从 19 世纪中期起，图卢兹市就以紫罗兰闻名于世，它很快被销往法国、英国以及北欧，因为这种植物就算是引入别处也无所用。19 世纪末，图卢兹的甜品商保留其天然的形状将其做成了糖。

其他的味觉享受

我们刚提到过柯萨德母鸡。应该说是“柯萨德乌鸡”，指的是一种体型很小的禽类，或者指还在野外活蹦乱跳的野鸡，它的肉能唤起人们对于野味的记忆。它的重量在 1.5 ~ 1.8 千克，有着黑亮的羽毛、深灰色的喙、深棕色的眼睛，头上是弯折的鸡冠。它需要长达六个月的耐心饲养，并喂以玉米和湿面包。简单地说，它是一种出类拔萃的罕见而优质的母鸡。

我们也无法对凯尔西可口的小羊肉绝口不提。“凯尔西高斯地区自然公园”坐落在格拉玛市附近（洛特省），成千上万的绵羊生活在那里。这里的羊的眼睛周围长着一圈十分有趣的“黑色眼镜”，通常也被叫作“戴眼镜的加斯科涅羊”，或者用

◎ 下图：像过去的儿歌或者明信片中一般，在凯尔西地区梅拉克市禽类饲养者朱利安・达勒家昏暗的谷仓里，一只母鸡选择了在一堆秸秆中的椅子上做窝孵蛋。野生的柯萨德乌鸡，肉质鲜嫩，是大区的明星禽类之一。

◎ 右图：a. 在洛特省的罗卡马杜尔市，阿历克斯农场的卡贝库奶酪。这种口味浓郁的乡野山羊奶酪，1996 年被列入 AOC 标识，却遗失了名字。如今它被叫作“罗卡马杜尔奶酪”(Rocamadour)。b. 在蒙托邦市附近的蒙泰什市，奶酪置于“牧羊人地窖”里成熟。

a

b

阴性的词，叫作“洛特省的高斯羊”。(“加斯科涅羊”用的是 gascons 一词，在法语中是阳性名词；“高斯羊”用的是 caussenardes 一词，在法语中是阴性名词。——译者注）它们的肉质细嫩而紧实，香甜可口，质量上乘，从而让“凯尔西农家羊”获得 IGP 标识。这种羊的饲料主要是羊妈妈的奶水配以一定量的谷物，这使得它们的肉质红嫩细软，可以用来进行任何种类的烹调，其中串在铁扦子上烤尤能使其散发出全部的香味。西南地区 J' Go 餐馆的各种羊肉大受好评，这家店同时也在巴黎九区的肖夏路，和图卢兹的维克多－雨果市场对面开了连锁店。在洛特省，羊肉无疑是各家大厨的宠儿。阿里克西斯·佩里苏，长着如自行车车把般的小胡子，是圣梅达尔金德罗餐馆的大厨，他将羊肉“简单地”做成汁浇羊后腿。拉卡夫市乌依思桥餐馆的丹尼·尚博，则推出了串烤羊后腿肉配凯尔西风味内馅。无论哪种做法，都可谓是皇室的佳肴。

在奶酪方面，我们要说高斯蓝纹奶酪，拉吉奥尔奶酪（与奥弗涅大区和朗格多克大区的奶酪很相近），库兹郎托姆奶酪，特别要说的还有卡贝库奶酪 (Cabecou)。这种口味浓郁的乡野山羊奶酪，1996 年被列入 AOC 标识，却遗失了名字。如今它被叫作罗卡马杜尔奶酪 (Rocamadour)。享有命名保护的地区并不局限于洛特省古老的历史名城罗卡马杜尔市，还有凯尔西高斯地区，甚至包括阿韦龙省、科雷兹省、多尔多涅省和塔恩－加龙省的一些城镇。这种乳酸凝固型奶酪只能用全脂生羊奶制成。农场罗卡马杜尔奶酪的奶源仅仅来自农场饲养的单一品种的羊，而手工罗卡马杜尔奶酪是用向多个饲养者收购的凝乳或羊奶在工厂里加工而成的。奶酪呈扁圆柱形（直径 6 厘米 × 高 1.6 厘米），重 35 克，需要经过至少 6 天的成熟期，使奶酪富有青草和榛果的香气。这种奶酪需要趁其“年轻”时品尝，这时的酪体滑腻丝柔，风干后会变硬。人们可以凭借标明了奶酪来源（出产农场、出产者）的“罗卡马杜尔”AOC 标识来鉴别这种奶酪，要注意避免假的卡贝库奶酪。

甜食的香甜与芳香

在甜食的名单上，我们要夸夸凯尔西脆皮面包、茴香面包、苹果脆皮糕，还有杏仁酥（一种薄而脆的杏仁饼干）、拉若尼口香糖、紫罗兰糖、阿尔比环形小饼干、阿尔比船型饼干。

我们还要给凯尔西茴香糕和洛特奶奶蛋糕留下一席之地。与马赛的茴香蛋糕不同，它与西南地区的茴香脆皮糕更为相似。它的名字来源于茴香一词，在奥克语中为浓汤、糊或者混合物的意思。想要和好面，需要很长时间的练习。我们想到了许多与它相似的糕点，由普瓦捷市的查尔·马尔泰勒传承至今的摩尔咸馅饼，土耳其杏仁蜜糖千层糕，还有维也纳水果卷。卡奥尔市和卡加尔市的老奶奶们每逢节日都会准备这种糕点，还要在上面浇上朗姆、雅文邑白兰地，以及白兰地（苏亚克或其他地方的）。苹果赋予了它爽口的微酸味，精细的制作给了它金色的脆壳。凯尔西的老奶奶全部手艺在于反复将面揉成香肠状再卷成螺旋状，直到非常薄，能做成松脆的千层酥。当地的美食家们会在这种讨人喜爱的乡村美味上浇上产自当地的苏亚克李子酒，配上雅文邑白兰地——热尔省之王，由鸽笼白葡萄、白玉霓葡萄、白巴科葡萄、匹格普勒白葡萄等酿造的白葡萄酒蒸馏而来。

生于布里夫（科雷兹省布里夫拉盖亚尔德市）烈性酒世家（主要生产榛果利口酒和紫罗兰芥末），菲利普·德努瓦 (Philippe Denoix) 年轻时在著名的百年老蒸馏酒厂罗克家工作过。如今的酒厂原先是博物馆，陈列了许多古老的蒸馏用具（蒸馏瓶、

◎ 苹果脆皮糕的内馅有一层苹果，用余下的面拉成薄层裹在上面，再涂上一层液态黄油，随后放入烤箱中烤熟。这一美食与茴香千层糕类似。

◎ 苏亚克著名的李子酒，是德尼斯·蒂里娜克、克劳德·米榭莱、《布里夫学院》作者笔下的宠爱！它如石子般圆润优雅，仿佛就是为乡村小酒馆而生的饮品，在品尝过斑鸫和茴香千层糕后享用。它是当地和整个国家真正的珍宝，给人以柔和印象，却有着丰富的酒体。

压榨机），也保存了1886年在苏亚克市生产的著名“陈年李子酒”，它是用当地多种新鲜的李子和李子干酿造的。

有着统一漂亮标签的李子酒，无论年轻的还是在酒桶中放置更长时间的，都饱有迷人而浓郁的果香。它在当地生产，也在当地配合栗子利口酒、榛果奶油、果味白兰地（覆盆子、梨、桃子）一起销售，丰富了酒香。

我们可以如此总结，南部－比利牛斯大区的佳肴总是以一杯林下灌木白兰地酒来完结的。大区里列入AOC标识的三个雅文邑白兰地，产区分别是下雅玛邑产区、特纳赫兹产区和上雅玛邑产区。南部－比利牛斯大区和阿基坦大区、热尔省、洛特－加龙省，以及朗德省跨越了地域命名和行政上的限制，紧密地联系在一起，共同享有这一命名保护。我们喜欢陈年李子酒香与古老酒桶里陈年白兰地的木香交杂在一起的香气。而我们也知道雅文邑白兰地可以不经酒桶贮陈而饮用，这种也叫“白雅文邑”，指的就是酒精没有接触过木头。或者和未发酵的葡萄汁混合，比如夏朗德省的皮诺香甜酒，还有加斯科涅甜酒，它或为桃红色或为白色，是开胃酒中最为轻淡的，也是下午茶时分用来搭配鹅肝或甜点的果香最为浓郁的酒。不得不说加斯科涅的美食不受时间限制！

凯尔西茴香千层糕

15 人份

1L 盐水，2kg 面粉，2kg 苹果，700g 糖，6 个鸡蛋，400mL 朗姆酒，

15 汤匙油

取沙拉盆，加入部分面粉、热盐水和全部的鸡蛋。再倒入油和剩下的面粉。和面 45 分钟，使其成为一个圆球形，置于带油的沙拉盆中。静置 2 小时 30 分钟。

把面团放在一块布单的中间，将其扯拉成 2 厘米厚的长方形。在面团中间放入苹果薄片，撒上 500g 糖，再将四个边折向苹果。摆上剩下的苹果，撒上剩余的糖。浇上 3/4 的朗姆酒，将面团揉成香肠状，再卷成螺旋状。

200℃预热烤箱。放入烘烤 2 小时。直至其表皮呈金黄色，再浇上剩下的朗姆酒。

13

朗格多克 – 鲁西永

南法的多姿与美味

这一辽阔的区域并没有自己独立的特色，不过却因包含周围相邻区域的特色而闻名。在这里，与普罗旺斯相邻的加尔省有着普罗旺斯的气息，临着勒格罗迪鲁瓦有一部分卡马尔格三角洲地貌，在大区北边靠近拉吉奥尔省和阿韦龙省有些许奥弗涅大区的特色，而鲁西永区域又有不少南比利牛斯的氛围。

◎ 左图：在佩泽纳斯，克劳德・拉尔芒在制作佩泽纳斯小馅饼。这种咸甜混合的小肉馅饼源自东方：印度官员克里夫阁下在佩泽纳斯停留期间，惊喜地制作出一种苏格兰风味的甜口羊肉小馅饼，内馅是肉和香料的咸甜混合物，再用柑橘皮调味。这一美食传统一直延续到今天，佩泽纳斯市大大小小的糕点店均有出售。

糅合在一起的美味

这个大区既是朗格多克又是鲁西永，也就是说，这个地区的辣食和生鲜都很出众。带有意式风味的海鲜馅饼，在赛特市和梅兹市都能找到。这种海鲜馅饼的内馅是章鱼，裹上番茄底，雷内·达赛将这种做法带到了他在梅兹的店里，使这家店的海鲜馅饼足以与埃罗省的海鲜馅饼齐名。他的祖母亚德里恩·威尔杜西于 1937 年首次在赛特出售这种海鲜馅饼。这种口感浓厚、风靡一时的美味馅饼将当地的味道与异域风味融洽地糅合在了一起。还有就是佩泽纳斯小馅饼 (petits pâté de Pézenas)，它既不是甜点也不是前餐，而正如人们所想，它两者皆是。它是于 1766 年前后印度总督罗伯特·克里夫阁下停留在佩泽纳斯附近的埃罗城堡期间发明的。更进一步说，是他带来的印度厨师为他宴请的客人烹制的一种圆柱形外壳的小馅饼，内馅是肉和香料的咸甜混合物，再用柑橘皮、橙皮或者枸橼皮调味。这一食谱很快就被佩泽纳斯当地一名叫卢凯罗尔的糕点师发扬光大，并赋予其“克里夫阁下的苏格兰小馅饼”之名。果不其然，佩泽纳斯小馅饼的做法被仿制、改进，并在周围城镇流传开来，尤其是在贝济埃市、蒙彼利埃市，还有加尔省的博凯尔市，那里的飞碟瓜就由这个食谱启发而来。将佩泽纳斯小馅饼加热，再配上果味浓郁的干白葡萄酒（皮纳特匹格普勒葡萄酒类型的），或者甜白葡萄酒，透着细微的柑橘香味（麝香葡萄酒类型的），能与小馅饼的香味交相辉映，可谓美味十足。

◎ 右图：a. 用来做奶油烙鳕鱼的干鳕鱼。b. 尼姆的“海边驿站”餐厅在做海鱼烹调的准备。c. 维拉雷家的尼姆的手指饼干。e. 帕拉迪斯奥的西亚尼家的海鲜馅饼。f. 于泽斯的一卷香草。赛特市普莱家的饼干。g.“蓝色海岸”餐厅的布齐盖牡蛎。h. 科利乌尔市鳀鱼的捕捞网。i. 加龙市的“杏仁之家”。

a
b
c
d
e
f
g
h
i

还要说的是在佩泽纳斯十分盛行的水果香包糖，它是一种加入了水果香料的糖，糖体上有一道亮一道暗的纹路，整颗糖的形状是四面体或者椭圆体。还有贝达里约小脆饼，加泰罗尼亚蛋壳饼、芒德的杏仁脆饼干、卡斯泰尔诺达里的环形饼干、博凯尔的飞碟瓜、利穆的牛轧糖、蒙彼利埃的格里赛啤酒，以及尼姆的维拉雷手指饼。1775年，来自莱迪尼昂市的面包师克劳德·维拉雷，在尼姆市玛德琳路上租下了一间店铺，开始烹制酸酵母面包、柠檬酥饼干和橙子花酥饼干。他的儿子于尔，在政府把银圆换成生丁而引来老百姓不满的时候，开始用脆饼干给顾客找零。他的小儿子保罗，小名叫小脆饼，就是为了让人们知道，他家有各种各样的奶油圆蛋糕（也叫蛋壳饼）、扁圆香料面包、卡拉通或米内尔夫式的杏仁饼干。1987年起，他们的制作传统由布雷德家发扬光大。小脆饼的秘密是什么呢？其实做法很简单，面粉打底，再加入糖、加尔杏仁、橙子花、柠檬。“然后还有很多很多的爱”，雷米·布雷德补充道。他常常在烤箱前一待就是四个小时，烹制这种酥脆的能把人牙齿磕掉的尼姆小点心。

◎ 赛特的“普节”饼干店。让－玛丽·法布尔和他的妻子玛丽－黛莱丝在精心烹制柠檬味、茴香味、香草味、橙子花味的赛特飞船饼干，以及小华夫饼、马卡龙、玛德琳蛋糕。

千万别忘了甘草，它是于泽斯市的荣耀。于泽斯市是甜食的首府，这里有哈瑞宝糖果公司和他家的胶糖。于泽斯市在19世纪被评为甘草皇后，这少不了拉丰家族，还有保罗·奥布蕾斯派创建的著名品牌“赞”的功劳——要知道，甘草植物在法国南部遍地都是，尤其在卡马尔格地区。给品牌起名“赞”的想法来自儿时的一句玩笑话：“妈妈，赞想要！”（小孩子吐字不清，将“我想要”的音发成了“赞想要”）这个品牌先后被双飞人公司以及哈瑞宝公司收购，这也使得“赞”家的小面包、珍珠糖、原味香草片、紫罗兰香草片，传播到了世界各地。

◎ 古伊·奥泽埃在圣热利迪弗斯克市按传统制法精心制作甘草。这个手艺人将液体甘草倒在一块金属板上。待液态甘草干燥凝固，将其切成黑色和白色的小方块卖给甘草迷们。

◎ 塞文甜洋葱——洋葱中的劳斯莱斯！它是巴黎米其林三星餐厅的大厨埃里克·弗莱松的骄傲：加盐煮，用烹制培根蛋面的方式烹调，配以优质的咸猪肉块和黑松露，这个塞文甜洋葱可谓见证了一场极致的优雅。

塞文甜洋葱

塞文甜洋葱是这片轻柔的大地上出产的讨人喜爱的食物，夏天被种植在露天平台上，人们定时给它浇水，通过它的茎和长出的叶子不难察觉到它的存在。它有着铜色清透的表皮，光泽、细嫩而又结实。它的肉体脆口而多汁，味道清新绵长。它是欧洲第一个获得AOC标识（2003年起）和AOP标识（2008年起）的洋葱，无论用哪种做法烹调洋葱，都大受赏识：生的，做成沙拉，仅调以芥末醋酱汁；煮熟，冷冻。与它在布列塔尼的小表亲（罗斯科夫粉红洋葱），或者法兰西岛的小表亲（巴黎白洋葱）一样，也是健康食品，低热量，富含维生素。它被做成洋葱汤、洋葱泥、洋葱沙拉，或者洋葱冻。二十年来，塞文山脉的地区、维岗地区，以及朗格多克－鲁西永地区的种植者一直在争论，这四个地区哪里才是著名的“甜圣安德烈”最早的出生地。

最好的蔬菜和水果的摇篮

水果作为这个大区的一大财富，当之无愧。尼姆市附近加龙市的杏仁将法国南部地区的杏仁生产者聚集在了一起。法国 80% 的杏仁都产自这里，然而这里出口到世界各地的杏仁只占 1%。香草杏仁、辛香杏仁、烤杏仁、盐渍杏仁、孜然杏仁，当地的杏仁加工品也都品质非凡。还有埃罗省和加尔省的无花果和蜜瓜，鲁西永地区的桃子，孔夫朗自由城的梨，维岗的斑皮苹果……最为出名的是鲁西永地区的红杏：它漂亮的橙色表皮，点缀着红色的斑点，表皮光滑，果肉多汁，个小，味甜，果香浓郁，使其成为杏中的精英。它的种植者们，每年都能收获约 2800 吨的杏子，近十年来都以此申请 AOC 标识。鲁西永地区的红杏可能源自属于同一家族的四个变种：鲁西永红色杏子、鲁西永海伦娜杏子、鲁西永皇家杏子和甜点杏子。不管从哪个变种发展而来，它都是属于蔷薇科杏属的植物。杏子起源于中亚，由罗马人在亚美尼亚发现，在文艺复兴时期被引入法国。最早是路易十四的园丁拉·昆提涅在凡尔赛种植了杏树，杏子在那儿受到了人们的喜爱。波斯语中称其为“太阳蛋”，即使杏子被摘下也会一直保持其成熟期的样子。所以一定要在其十分熟的时候再收割，这样能保持杏肉香甜，富含维生素 A、B、C，磷元素，镁元素和胡萝卜素 β。它也经常出现在化妆品的成分中，因为它的果肉具有紧致以及激活功效，而杏核榨出的柔和的杏仁油，能够轻松去除皮肤上的斑点。

我们还要提及的是著名的塞雷樱桃，一种漂亮、有生机、鲜红、多汁，带有酸味的小水果。它每年 5 月份开始进入人们的视野，而到 6 月底就退出了舞台，就好像一个庆祝夏季

◎ 卡尔卡松市场上一场生趣盎然的讨论会，一般以一道美味佳肴开场，一杯好酒结尾。图中的照片拍摄于中午时分，正是大开胃口的时候。我们可以想象一下，在一小杯红酒和一个侧边涂上上好山羊奶酪的长棍面包之后，严肃的讨论即将开始……

将来临的吉祥物，它能让人们一天无论何时都想吃它，就是这么任性……它是时令水果，也是朗格多克－鲁西永的骄傲，它的祖先是味道细腻而浓厚的布莱特甜樱桃。然而，微酸的巨红樱桃，果肉更甜也更紧实的比噶李斯樱桃，以及更有生机的布拉樱桃，也同样广受欢迎。塞雷市以其好氛围和好天气吸引了毕加索、乔治·布拉克、柴姆·苏丁、马克斯·雅各布。这里每年都会以最大众化的方式来庆祝樱桃——樱桃节是 5 月的最后一个周末。水果种植者在樱桃节上直接将他们新收获的时令水果卖给经销商，而当地的厨师则用樱桃精心做成各种形式的前餐、主菜，以及餐后甜点。

◎ 朗格多克的蔬菜和普罗旺斯的蔬菜极为相似：一束漂亮的茴香，有浓郁的茴香味。美味的小西葫芦，有黄色的也有绿色的，有圆的，也有图中这种长方形的，它是西葫芦中的绝品！还有黑萝卜、莱齐尼昂甜洋葱、土笋以及紫洋蓟。

萨尔达那舞之后紧接着就是给吐核者准备的吐核比赛。在塞雷市和瓦尔斯皮山谷地区，每年收获樱桃都是一项需要认真对待的活动。樱桃种植者在农场里精心地摆饰着各种不同品种的樱桃。人们喜爱直接食用新鲜多汁的樱桃，同样也喜欢将它做成果酱、罐头、汤、樱桃挞、水果蛋糕。不管哪种吃法，它都是阳光下生长出来的美味。

法国南部地区的蔬菜也一样饱受阳光的洗礼，比如鲁西永地区的紫洋蓟、土笋、茄子、莱齐尼昂甜洋葱、帕尔代扬黑萝卜。

印象中的南部

别忘了这个大区的南面到处都是海：布齐盖的牡蛎——养殖在拓湖或者勒卡特湖里，海鳗鱼、无须鳕鱼、鲭鱼、鲻鱼、绯鲤鱼、鲉鱼、金枪鱼、沙丁鱼，都会出现在波尔旺德尔港的叫卖鱼铺上。然而，它们都无法遮盖科利乌尔鳀鱼的光辉。

鳀鱼？它是海里的野味。是一种泛着蓝色和银色光泽的鱼，鱼脊青绿而狭长，极具风味。在比利牛斯－鲁西永地区，人们将鳀鱼浸泡在橄榄油里，配上盐渍烤制过的柿子椒一并出售。大区首府科利乌尔，从中世纪起就以腌鱼闻名（驶向埃及或者叙利亚的帆船，都会在这里装满一桶桶的金枪鱼或者沙丁鱼后再扬帆起航）。这里每年出产5吨的鳀鱼。人们在夜里点起捕鱼灯，驶着平底小渔船去钓鱼。一盏明亮的大灯会被放置在另一个小渔船上，大脑空空的鱼儿，会以为白天来了，慢慢地浮现在灯光中。

鳀鱼非常容易保鲜。它的保鲜也是手工完成的：从港口的鱼商那里买来的鱼已经是去过头、内脏，在盐水中盐渍了的。接着要将其放入广口瓶或者金属瓶中，用新的盐水腌渍，然后多次清洗，放入热水中，去掉鱼骨，再做成鱼脊肉卷，裹上刺山柑花蕾子一起放入油中。它的肉质丝滑，味道浓郁而细腻，带有其标志性的微微的苦味。

如果说要找出一道能够代表整个大区特色的菜肴，包含大区特有的味道，且有一定的历史，人们会想到尼姆市的奶油烙鳕鱼，这道菜糅合了大地和海洋的特色，有着强烈的口感。尼姆市和奶油烙鳕鱼，它们的爱情故事要追溯到食盐之路时期。很久以前，还在当地漫长的捕鱼争夺之前，来自西部的纽芬兰捕鳕鱼的船，在卡马尔格盐矿贮备

鳀鱼？它是海里的野味。是一种泛着蓝色和银色光泽的鱼，鱼脊青绿而狭长，极具风味。

◎ a. 科利乌尔的一个鳀鱼捕捞者。b. 捕鱼船（这里是捕鱼用的灯）停靠在塞特港。c. 科利乌尔的鳀鱼被捣碎盐渍。1607 年在罗科之家餐厅，鳀鱼已经被很多人盛赞味道鲜美。

了一袋袋盐用来交换这种有名的鳕鱼。一个尼姆的厨师某天生出一个想法，他将鳕鱼肉捣碎，浸泡在橄榄油里，加入香料提味，制成一道独一无二的菜肴。这道菜肴出现的蛛丝马迹要追溯到 1786 年，而这道菜真正闻名于世却是在 1830 年，一位名叫杜朗的大厨将其发扬光大的。记得配上大蒜……在菲利普・凯赛家，罗旺斯奶油烙鳕鱼被做成凉菜、热菜，做成甜点“漂浮之岛”的样子，或者配上松露，这道从来不简单的加龙明星美食菜肴，奶油烙鳕鱼，成为一道上等菜肴。在尼姆市雷蒙·日夫鲁瓦家，鳕鱼会全部处理好放在广口瓶、小盒子或者食品盒里出售。在亚尔的丹尼尔家，全年都会出售处理好的新鲜鳕鱼。

◎ 在蒙彼利埃，博里啤酒屋精心制作的奶油烙鳕鱼酥。整个法国南部地区都会以各种各样的名号来庆祝鳀鱼、鳕鱼和其他美味漂亮的鱼，包括鲜美的鱼肉和精湛的盐渍技术。

依然是奶酪和葡萄酒

和法国其他各地一样，朗格多克－鲁西永也有优质的奶酪：在奥弗涅最有发言权的拉吉奥尔奶酪、佩拉东奶酪、佩拉伊奶酪，当然还有高斯蓝纹奶酪，它是罗克福奶酪的乡下亲戚，由生牛奶制作而成的，奶酪壳有一层蓝色霉点，含脂量在45%以上。高斯蓝纹奶酪于1953年通过AOC标识认证，但只允许在阿韦龙省和洛泽尔省的东部生产，尽管在洛特南部也有条件生产。阿韦龙省和洛泽尔省东部的土壤低沙质多石子，气候严峻而富于变化，使得这里的牛得以自由地啃食各种芳香植物。能让高斯蓝纹奶酪精炼成熟的区域也十分有限，仅限于阿韦龙省的几个区域，那里有在崩塌的石灰岩中挖出的地窖，主要在塔尔纳峡谷的峭壁里。高斯蓝纹奶酪比它的南方表亲布勒·德·奥福格奶酪含有更多的油脂，较少的蓝色霉点，有着更为突出的地区口感，和甜白葡萄酒、里韦萨特甜白葡萄酒、莫里香蜜酒以及波特酒搭配，十分融洽。

别忘了整个南部地区出产了不少优质的列级酒。这里有无与伦比的天然甜葡萄酒（班努陈香甜葡萄酒、莫里香蜜葡萄酒、里韦萨特甜白葡萄酒、芳蒂娜麝香葡萄酒、吕内尔麝香葡萄酒、米哈瓦麝香葡萄酒），白葡萄酒和红葡萄酒的列级产区，比如科利乌尔产区、鲁西永丘产区、柯比耶产区、菲图产区、富爵产区、圣希尼昂产区、克莱雷特产区、密内瓦产区，还有朗格多克丘产区及其附属克拉普产区和皮克－圣路产区。要说当地慢慢出现在人们视野中，可与罗纳河谷的列级酒庄一较高低的明星酒庄，我想到了阿尼昂的父辈酒庄和佩尔玫瑰酒庄，这两个例子很好地证明了这里多样的土地也能够出产顶级葡萄酒。

◎ 在巴黎，查尔餐厅的罗克福奶酪存放在玛丽－安娜·康坦奶酪窖中。推荐将细腻的蓝霉奶酪与索泰尔纳酒，或者朱朗松甜葡萄酒搭配品尝，这样奶酪的油脂、葡萄酒的香甜会与奶酪的酸涩完美结合。

精致的罗克福奶酪

无论是仅仅 7 个制造商每年就能生产出 18830 吨奶酪，还是这里著名的卡布里埃 · 库莱奶酪窖，或者巴拉尼奥德奶酪窖，这些事实都在诉说着罗克福奶酪是阿韦龙省的珍宝。这种奶酪使用母羊奶制作，有蓝色霉点，整个奶酪呈大圆柱体形状，厚度为 10 多厘米，重量在 2.5 ~ 2.9 千克。它至少含有 52% 的脂肪，用铝箔包装，印有 AOC 标识，这一标识始于 1925 年。

罗克福奶酪是查理曼最喜爱的奶酪。1411 年，查理六世的皇室宪章为了保护罗克福奶酪而规定："在这片出产奶酪的土地上既不能推进葡萄植株的种植，也不能推进小麦的种植。"

在孔巴卢山区崩塌的巨大岩石中被改造出罗克福奶酪成熟的奶酪窖。名为"弗勒琳娜"的天然烟囱将山里的空气引入奶酪窖浸润着奶酪，煮熟的羊奶在凝乳素的作用下凝固，而凝乳混合后还要引入青霉菌。奶酪每天要进行 5 次翻面，并添加粗海盐。

奶酪在窖中成熟的过程中需要自然通风，在较低的温度下成熟，这样才能使其口感变得细腻而浓郁。

尼姆式奶油烙鳕鱼

4 人份

1kg 盐渍鳕鱼，350mL 橄榄油，250mL 牛奶，3 个煮熟的土豆，200mL 鲜奶油，2 瓣大蒜，切碎的香芹，盐，胡椒

将鳕鱼放在装有水的沙拉盆里浸泡 24 小时洗去盐渍。清洗鳕鱼，去掉鱼皮和鱼骨。将鳕鱼放入装有热水的平底锅中煮熟，沥干，捣碎。捣烂大蒜，切碎香芹，将牛奶和橄榄油分别加热。

向鳕鱼中加入大蒜、香芹、牛奶和橄榄油，混合均匀，加盐和胡椒。再加入土豆泥，鲜奶油，将其装入可以放进烤箱的盘子里，置于烤箱烤 15 分钟。

14

阿基坦

优雅的美食之所

这个拥有数以万计宝藏的辽阔大区最为自豪的是它在利布尔讷(Libourne)、格拉芙(Graves)和梅多克(Medoc)地区的波尔多葡萄，这里的葡萄酒不仅能与火腿和巴扎牛肉完美地融合，与鱼类和海鲜搭配也是天衣无缝。而喜爱甜食的人同样也能在巧克力、卡娜蕾蛋糕和马卡龙中得到满足。

◎ 左图：在格里夫的欧也妮农场里，米歇尔·格拉尔在烹调一道美味：俏皮而又精致的昔日菜肴。壁炉里烤着的是乳猪肉、朗德的节庆鸡，或者沙洛斯牛肉。乡下的大餐桌上摆满了刚刚收获的蔬菜，而天花板上悬挂着优质的火腿。

了不起的葡萄种植区

“波尔多”葡萄品种有很多。梅多克半岛上的葡萄品种有赤霞珠、品丽珠、美乐、味尔多——前两种葡萄口感层次清晰，第三种葡萄果香浓郁，而最后一种葡萄则清新而酸涩。梅多克产区的葡萄酒，有玛歌产区的葡萄酒口感女性化柔和的一面，也有圣埃斯泰夫产区葡萄酒更为阳刚更有层次感的一面，同时还有圣朱利安产区葡萄酒充盈着果香的精巧和波亚克产区葡萄酒的力道，以及不得不提及的两个风味独特的子产区：穆利斯 (Moulis) 产区葡萄酒的柔和，以及里斯特哈克 (Listrac) 产区葡萄酒的质朴。

波尔多葡萄酒，也是利布尔讷葡萄酒，和极富盛名的圣埃美隆葡萄酒（根据 2012 年稍有争议的新分级名单统计：18 个一级酒庄，其中 4 个是一级酒庄 A 级，还有 65 个列级庄。——作者注），还有诱人的波美侯产区，这个产区种植的主要是香气宜人的美乐葡萄（百图斯庄园 11.4 公顷的土地上，95% 都是美乐葡萄，只有 5% 是品丽珠葡萄），以及精致的弗龙萨克产区、卡斯蒂永丘产区、圣埃美隆的圣乔治产区、拉朗德－波美侯产区，抑或福伦克丘产区。我们无法对佩萨克－雷奥良产区旁边的格拉芙产区缄口不提，那里出产了许多高品质红酒（侯伯王酒庄和美讯酒庄都是首屈一指的）和精致的白葡萄酒，用的是赛美蓉葡萄和长相思葡萄酿造而来，还有美味的甜酒，比如苏玳贵腐酒，以及巴萨克产区类似的酒，其中最为有名的是滴金酒庄。然而，这一“佳酿”并非每年都会酿造，这是由葡萄孢霉菌现象造成的。这一稀有的霉菌会“感染”葡萄，使之成为“贵腐酒”，葡萄脱水收缩，像帕斯琳娜葡萄那样，提高了葡萄汁的浓度，增添了浓郁的蜂蜜、蜂蜡和香草的芬香。

富饶而肥沃的土地

在这片能生长高质量葡萄的富饶土地上，结出的都是最好的水果和蔬菜。在当地菜市场的货摊上，我们能看到朗德省的芦笋，贝亚恩市的玉米四季豆、什锦砂锅，马尔芒德番茄，洛特河畔新城的豌豆，普赖萨市的莎斯拉葡萄，马尔萨内市的香梨，

◎ 传说中的阿让李子在烹饪之前，被凉置在木条筐上。

还有内拉克市的甜瓜。我们还要给阿让市的李子干留一席之地，它可以是水果，也可以做成甜酒、果酱或者巧克力夹心，也正是它赋予了所有的甜食以幸福的感觉。李子干是李子的浓缩物，收获期是每年的 8 月 25 日到 9 月 25 日。每 3.5 千克的李子才能制成 1 千克的李子干，这也解释了其价格高的原因。测量分级之后，李子干被置于干燥箱或者有着两条并行槽廊的风道中干燥。干燥过程中，还是会让李子干留下 21% ~ 23% 的水分。干燥但仍含有一定量的水分使得李子干有了很大可塑性，也能用于制作各种果馅。新鲜又易消化，这一众所周知的出色的助消化健康水果，成为阿基坦大区美食家的好伙伴。

著名的嫁接李子

杂交品种是贞德为了保护李子而出现的吗？不管怎么说，这都要追溯到 12 世纪，人们在叙利亚大马士革墙脚下发现了著名的嫁接李子。被引入法国后，这一品种十分适宜于阿让和新城之间洛特省的温和气候。这一表皮褶皱而泛着淡紫色光泽的漂亮黑色水果，对于治疗便秘有着极佳的效果，可以做成冰淇淋、奶油、果酱、果冻、果泥、果脯，或者泡在茶里，配上香脆的杏仁和巧克力一起食用，成就了它的荣耀。

阿基坦土地上的肉类珍品

在梅多克葡萄酒大街的中心，著名的波亚克羔羊，是给人们带来至高无上享受的美味之一。它是一种罕见的羔羊品种，肉质柔软精细：在羊圈里饲养，只用羊妈妈的奶水喂养，享有 IGP 标识。这一品种的羔羊若论起源，要追溯到 13 世纪，那时阿基坦的绵羊和郎德的绵羊都在波尔多葡萄种植区放牧，它们吃梅多克半岛的青草，尤其喜欢吃波亚克地区葡萄植株间生长的草。

在提耶雷·马尔克斯 (Thierry Marx) 掌管柯帝昂堡的时代，使得这里的羔羊成为当地的象征。他亲自来来回回在不同的地方放牧，亲自选择羔羊，天然烹调：羊肋骨，羊肩肉，羊肉碎，羊里脊，串烤，烧肉，清蒸，配上略带酸味的焦糖胡萝卜……烹调时不做太多的处理，只是在其柔软细腻的肉和皮上浇上一层焦糖。波亚克的羔羊肉带给人的是出类拔萃的本真味道。

另一个肉类珍宝位于柯帝昂 (Coedeillan) 和巴热 (Bages) 旁边：吉伦特精致的烤猪肉卷 (Porchetta)，猪肚里被鼓鼓地塞满猪舌、猪嘴、猪耳，撒上盐，撒上胡椒，再搭配上巴约那香肠、腊肠以及红酒。这一称王于吉伦特肉铺的乡野美味，愉悦地唱着属于自己的荣耀之歌。肉铺里大肆夸赞推荐的还有大区美味的牛肉，用葡萄嫩枝当柴火烤，且和本区的列级酒相得益彰。首先，阿基坦大区的黄牛，是凯尔西的加龙牛和比利牛斯黄牛杂交出来的。接着巴扎斯牛，它们被看作能投入工作的牛，用 19 世纪

◎ 右图：a. 烹饪前，米歇尔·格拉尔 (Michel Gu é rard) 在评测梭鱼的质量。b. 在波尔多，让－皮埃尔·西拉达克斯经营的拉图比那餐馆里，作为开胃菜的香肠片。c. 牧羊人怀抱中的波亚克羔羊。d. 鸭子的饲养。e. 在阿赫泽 (Ahetze) 的奥斯塔拉皮亚农庄，克里斯汀·杜普莱西 (Christian Duplaissy) 在猎杀斑尾林鸽。f. 牛棚里的沙洛斯小牛 (Chalosse)。g. 佩里格的田间警卫。h. 贝阿恩盐罐里的盐花（盐田最上面的很薄的那层盐的结晶，像一层霜）。i. 菲利皮娜·德·罗斯柴尔德在她波亚克的木桐·罗斯柴尔德酒 庄 (Chateau Mouton Rothschild) 的葡萄田里，举着一串葡萄。

a

b

c

d

e

f

g

h

i

中期波尔多兽医杜蓬医生的话来形容，这种牛“强壮、永不疲累、朴实”。它多汁肥嫩的肉，经柴火烤，或者熬成浓汤，最为美妙。人们总是拿它和它在朗德的邻居沙洛斯牛进行对比。沙洛斯位于波城和阿杜尔河之间的激流中，是朗德地区的秘密花园。这片适于饲养放牧的土地上，满是天然的草和玉米，400 多名放牧人依然保持着过去的传统，在这片草场上放牛。沙洛斯牛，在这片草场放牧三年半之后，会有带着淡淡榛子味的精细肉质。每头牛，平均重 450 ~ 500 千克，骨头的重量只占 12% ~ 13%，含脂量 10% ~ 15%，而含肉量高达 75%。达克斯市名为爱慕的肉店，会从头到脚认真挑选每一头牛，认真监督屠宰过程，并提供最好的肉材给摩纳哥和巴黎的阿兰・杜卡斯店，厄热涅莱班 (Eugénie-les-Bains) 的米歇尔・格拉尔店，以及斐扬四方形店和加斯科洞穴店的阿兰・杜图尼耶。

别忘了这里还有朗德省好吃的节庆鸡，它羽毛金黄，身形健壮，自由放养在朗德的森林里，实际上它是著名的布雷斯鸡在法国西南部的亲戚。它于 1965 年获得了红色标签，1998 年获得了 IGP 标识，每年 12 月的第一个周末，在圣瑟韦 (Saint-Sever) 的禽类节上都会有它的身影。除此，人们全年都可以品尝到朗德的家禽，只是从节庆鸡变成了肥美的阉鸡、火鸡、小母鸡、珍珠鸡。“纳韦尔肉铺”和“圣宝莱公鸡”的主人，贝尔纳德・比索奈，最为推崇阿尔诺・陶赞驯养的朗德鸡，尤其是用小火炖煮后，鲜肥的鸡腿配上美妙的白葡萄酒，堪称极品。无论是蒸煮、放烤箱烤，还是爆炒、红烧、炭烤，朗德鸡都是减肥食谱的健康美食。它热量低，脂肪少，富含蛋白质、维生素、钙、磷、镁，即使每天品尝也毫无压力。

巴约纳传统火腿

很早的时候就有这么一个故事：富瓦 (Foix) 的伯爵加斯通・菲比斯 (Gaston Phébus)，弄伤了一头野猪，而数月之后人们发现这头野猪依然完好无损。原来这头野猪掉落在了萨利耶德贝阿尔恩 (Saliés-de-Béarn) 的盐水泉中，而泉水发源于著名的阿杜尔含盐盆地。奥尔泰兹火腿、拉洪坦火腿，或者加洛斯火腿，在这片微风轻拂的区域被风干精炼后，便从当地的港口发往世界各地。这种火腿后来被叫作巴约

成熟及自然风干的过程需在通风的房间进行，这也是想要获得最美味的火腿的必要条件。

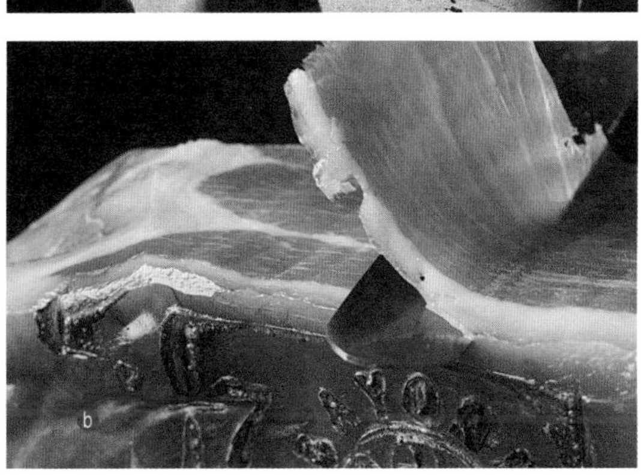

◎ a. 专家正在“巴约纳火腿之家”准备火腿。b. 专业的品味师在测试悬挂干燥的火腿的熟度。c. 右侧图片上，火腿上铺了一层厚厚的盐，静置在盐缸里。腌制过程需要数月时间，其间还需每隔一段时间来测试一下其腌制情况。最后需要切成细细的薄片品尝。

纳火腿，曾为胡安娜三世 (Jeanne d'Albert) 和其儿子享用；随后，亨利四世在波城的城堡里也曾品尝过；再之后，它被钦点用在圣让－德吕兹、路易十四和西班牙年轻的公主的婚礼上。1998 年，巴约纳火腿开始享有 IGP 标识。这种猪必须在阿基坦大区、南部－比利牛斯大区和普瓦图－夏朗德大区之间畜养，而猪肉风干精炼的区域只能在有焚风 (瑞士等地春秋季刮的一种干热风) 掠过的阿杜尔盆地。火腿被涂擦上干盐，悬挂在休息室，风干精炼 7 ~ 10 个月——这是一年中最大的需求。火腿要经过精炼专家的评估，才能获得巴斯克十字样式的“巴约纳”标识。它被涂上胡椒粉和埃斯佩莱特辣椒粉，以便更好地唤起其独有的味道。在冲洗擦拭之后，猪肉商会将火腿放在槽中进行长时间干燥。成熟及自然风干的过程需在通风的房间进行，这也是获得最美味的火腿的必要条件。

最好的火腿制造商都联合在巴斯克标签之下，这一标签能让人想起阿杜尔城以及尼斯城女王的名字：伊巴尤那 (Ibaïona)。吉什 (Guiche) 的克利斯提安·蒙托泽，圣让－莱弗约 (Saint-Jean-le-Vieux) 的埃里克·梅岱，阿斯帕朗 (Hasparren) 的埃里克·奥斯皮塔尔都曾自豪地宣传过这一地区级火腿，扩大了其知名度。用来做这种火腿的猪，被喂以谷物，待到 11 个月左右它们体重达到 180 千克时才会被宰杀。随后火腿的干燥期长达 15 ~ 20 个月，此时肉质最为柔嫩，可与西班牙的塞拉努斯火腿一争高下。它们的荣耀呢？巴斯克乡野外饲养的猪，以传统的橡子和栗子为食，通常放养在山间。其中最著名的是，放牧大师皮埃尔·奥特伊萨将其放养在阿尔迪代 (Aldudes) 山间。猪肉被用来做成里脊、腊肠、耶素香肠、各式肉酱、干香肠、条状或片状的咸猪胸肉肠、肉冻、酒汁炖肉、猪肚香肠、猪血香肠。

最能赋予巴斯克猪肉味道的，当然是著名的埃斯佩莱特辣椒！它就像一种安慰剂、解药、补药，一种神秘的宝藏……据说一个从墨西哥来的旅行家，途经西班牙的时候，敲开某户人家的门，然后留宿于此。其间炉火熄灭了，墨西哥旅行家却轻声嘀咕道：“不用担心，我有这个来取暖。”说着他从钱袋里取出一些种子放进汤里调味，以此使身子重新暖和了起来。第二天，他留下了一些种子播种在巴斯克肥沃的土地里，长出了这一饱受恩赐的植物。如今，二十多人在种植这种辣椒，并将其干燥保鲜。巴斯克地区拉布尔市中心的埃斯佩莱特村庄大街上的两个猪肉商，皮埃尔·阿克斯贝利和雷讷·马颂德，用这种辣椒来擦拭火腿，或者调味猪血香肠和牛肩肉碎，出售的时候再配上咸酸酱汁，也会做成肉串和烧烤配用的辣椒酱，或者做成醋渍的辣椒片，搭配在沙拉和鸡蛋饼里，甚至做成萨乌萨科——一种当地流行的“番茄酱”，或者做成烧烤用酱。

海洋中的美味

别忘了阿基坦大区绵延在大西洋的海岸线上，坐拥数以万计来来回回迁徙的鱼，比如西鲱鱼，一种大型的沙丁鱼，直接在炭火上烧烤或者做成鱼片裹上月桂叶食用。再如鳀鱼、鳗鱼、七鳃鳗（一种大鳗鱼，用红酒汁烧味道最佳），以及金枪鱼，圣让－德吕兹之王，也是锡布尔市 (Ciboure) 鱼类菜品中，巴斯克鱼汤 (Ttoro) 和炖锅金枪鱼这两道菜肴的原材料之一。

不得不提的还有美味的蒜炒枪乌贼，或者巴斯克式（加番茄、甜椒和生火腿）枪乌贼，阿尔卡雄海岸的牡蛎，朗德的野生三文鱼，它是阿杜尔的荣耀，也在佩尔奥拉得的巴尔图依家族的妙手之下，成为一道特色菜。加斯东老爹 1929 年在阿杜尔的比利牛斯山底陡峭的河岸边，建造了一处居所。雅克·巴尔图依在此基础上引入了优质三文鱼的熏制技艺并传承至今。他的做法是：手工将鱼片开，仔细去鳞、冲洗，精细地在鱼肉上划痕，手工擦涂干盐，耐心等待腌渍，悬挂在桤木上放入传统的熏炉里熏制至少 20 小时，之后还需二次烟熏，以确保鱼肉的鲜嫩。最后，手工切成鱼片。雅克·巴尔图

◎ 下页图：阿杜尔的三文鱼之王雅克·巴尔图依，在其佩尔奥拉得的著名熏制室里。他在制作半熟肥肝，配上蟹肉、埃斯佩莱特辣椒，或者松露的天然鱼子酱方面可谓是专家，也精通于熟鸭肉酱、鸭肝酱烤鸭胸肉，同时也是使用桤木耐心熏制河鱼这一传统的守护者。

依不满足只按照传统方式来制作三文鱼，他同样提出了用传统方式来制作所有朗德的食品：肥肝、青椒鸭肉酱、鳗鱼、肉冻，把这些肉都以同种方式来制作。

甜食的享受

我们要从波尔多第一美味糕点卡纳蕾蛋糕说起。这一焦糖表体的蛋糕，也算是穷人的蛋糕，由面粉、黄油和糖混合在铜铸的有凹槽的模具里烤制而成——这也是其名字的来源(其名字即为"凹槽")——底是平底,吃起来嘎嘣脆。卡纳蕾十分美味，尤其是表层焦糖焦化的程度恰到好处时：面粉柔软，甜度适中，黄油的香味也不会埋没。它曾被"仁慈女修道院"的领报们（领报是通过学习《圣经》等天主教经典，修身养性，领教"天主"的旨意，在人间传播善行和福音的人。——作者注）用破麻布收集到一起，藏在圣欧拉力教堂后面。目的是值得赞颂的：将这些卡纳蕾蛋糕卖掉来救济穷人。从那时起，这种行为就流传了下来，并在夏特隆地区找到了其传

◎ 波尔多的安东尼父子热衷于美味卡纳蕾蛋糕。这款波尔多美味来源于宗教，最早是给穷人吃的。它是面粉在蛋糕模具中经过长时间的焦糖化，再精心配上朗姆酒做成的美味，如今成为餐桌上流行甜点的第一名，尤其是在吉伦特省的首府。

奇的经济方面的意义。长期以来，卡纳蕾蛋糕——由于是玉米面做成的，曾被叫作布丁蛋糕，或者单词里只有一个“n”的卡纳蕾蛋糕——是波尔多地区朴素的象征。之后，大厨和新潮流的手工匠人将它打造成一种时尚。

阿基坦大区的另一个代表性甜品：马卡龙，于1620年在圣艾米利永被制作出来。它的制作食谱，被一个宗教团体修改，并年年岁岁传承下来。如今“正宗”食谱持有者是达尼埃尔·布朗什(Danièle Blanchez)。马卡龙松软的秘密，在于原材料的配比：用苦甜参半的碎杏仁、蛋白和糖，揉成匀质的面团，以箍起来的方式放在一张特别的“纸”上，使其不会在烤箱里被点燃。结果呢？这种精良的做工，带来了极品的马卡龙，在三个傲慢的巧手匠人执着的传承中，这一工艺永久地体现在他们令人赞叹的杰作上。达尼埃尔·布朗什正是这三人之一。

◎ 在圣埃米利永，马卡龙被精巧制出。纳蒂亚·费尔米吉尔在她的手工作坊里耐心地延续着马卡龙的制作传统，精致、新鲜、手工揉捏面团，一点儿也不能急躁。法国西南地区也有其他优质的马卡龙，比如圣让-德吕兹的亚当家的。不过，圣埃米利永的马卡龙还是最受人们喜爱。

在圣让－德吕兹旁边的亚当家，也同样能找到巴斯克地区著名的马卡龙。邻近的帕里耶斯家 (Paries)，最为有名的则是五彩太妃糖（*巧克力焦糖*）和慕客速（*也被称作亲吻在一起的马卡龙*）。埃挈巴斯特家，他们用粗面面团，裹上朗姆酒味糕点，再用奶油或者黑樱桃果酱，做成了一种巴斯克特色糕点。我们另外要说明的是，刚刚提到的黑樱桃产自美丽的村庄伊特萨苏及其周边地区，和当地绵羊奶酪搭配在一起堪称完美，而绵羊奶酪则是巴斯克地区以及贝亚恩地区的珍宝，尽管他们自称"比利牛斯纯鲜绵羊奶酪"。

最后，别忘了巴约那市是法国巧克力的首府！追溯到1496年，这里是法国第一个制作巧克力的城镇：可可作为加了香料的热饮，以其能起到春药和补药功效的精致美味著称。为了回避西班牙进口的禁令，圣皮埃尔地区的巴约那犹太人直接从南美洲引进。1661年，巴约那的巧克力商联合起来，一起将这一神圣的豆子变成块状，并对客人采取订购的销售方式。如今的手工巧克力艺人，一边保证豆子的品质，一边用以制作出各种各样的巧克力口味。在达朗姿巧克力工坊的让－米歇尔·巴莱特的发起下，几家大型巧克力工坊：卡泽纳夫工坊、巴莱尔工坊、雷纳尔工坊、莫里亚克工坊、普约德巴工坊和安德里约工坊，在17世纪的时候举行了同行工会。让－米歇尔·巴莱特的店铺1990，作为巴约那同行会议的领头者，在会议上出售了其了不起的巧克力奶糊：克里奥（*朗姆味黑巧克力*）、加拉加斯（*可可味*）、高更（*椰果味*）、蒙特苏玛（*橙子花香料味*）。它们都是躲藏在苦味中的美味。

◎ 在阿赫泽的奥斯塔拉皮亚农庄，来自朗德省的巴斯克客栈主人克里斯汀·杜普莱西家的布里奶酪，切成精细的薄片，搭配木瓜饼或者伊特萨苏的黑樱桃果酱一起享用。比利牛斯地区这一咸甜相容的奶酪之王，是纯天然的美味，被法国大西南地区的美食家们奉为天上美味。

比利牛斯的纯鲜绵羊奶酪

硬质未熟奶酪，1980 年起享有欧盟 AOP 标识，被命名为欧索伊拉堤奶酪，它涵盖了南欧索山峰和伊拉堤森林之间的土地。牧羊人在那里放牧马涅什品种的长角黑毛或者红棕毛的绵羊。这里充沛的日照和丰厚的降雨相互作用，赋予了牧场繁茂的植被和浓郁芬芳的青草气息。牛奶的制作过程分六步：凝结（加热到 30℃，加入凝乳素），分割（将凝乳分割成大小均匀的颗粒状，便于沥干），混合加热（旨在分开乳清和凝乳块），铸造压制（为了得到最终的形状），粗盐或者盐水腌制，精炼至少 3 个月。在此期间，奶酪皮会由橙黄色变为烟灰色，乳白色的酪体则会染上一层奶花。虽说无论哪种烹调方式，人们都能很好地品尝比利牛斯的纯鲜绵羊奶酪，然而人们最喜欢的还是不经任何烹调纯天然的奶酪，将它切成薄片，配合着黑樱桃果酱或者木瓜果酱一起享用。

卡纳蕾

制作 30 个卡纳蕾

1L 牛奶，1 整个鸡蛋，4 个蛋黄，250g 面粉，400g 糖，1 勺香草汁，1 勺油，1 勺朗姆酒，50g 黄油

将牛奶、一整个鸡蛋和四个蛋黄混合在一起，煮沸。

在砂锅里，混合糖和面粉，倒入上述煮沸的混合物中。加入朗姆酒、油和香草。

倒入涂了黄油的铜质卡纳蕾模具里，放进 200℃的烤箱中烤 45 分钟，直至卡纳蕾呈金黄色，甚至棕黄色。

趁热从模具中取出卡纳蕾。

15

利穆赞
肥美国度

乔治 · 布拉桑曾吟唱道：“有一天，在布利夫拉盖亚尔德市场，十几个年轻女人为了几捆洋葱头互相撕扯着头发。”在这个称之为星期六“肥美市场”的地方，我们能发现很多肥肝、胸脯肉、焖肉以及售卖下水的铺子。

◎ 左图：什么是布利夫橱窗呢？布利夫橱窗是由德努瓦家族经营，由他们的一间老铺子改造而成，和它一起的还有一个车间，内有酒库及 19 世纪的一些设备，还有一首关于胡桃酒的传统颂歌。德努瓦的极品美酒需要细心品味，它是用木火烧制的糖浆、科涅亚克白兰地和阿尔玛涅亚克白兰地调制而成，这里也能品尝到奥巴辛酒，它是用龙胆和薄荷调配而成，还有当地人称为甘基努瓦的苦艾酒。

布利夫及其周边的聚餐

11 月的第一个周末，这里都会举办一场著名的书展，就在龚古尔协会宣布奖项之前，毫无疑问，在这里极有可能产生奖项的最终归属。特别是我目睹过罗伯特·萨巴捷对于杨·哥菲莱克及其作品《野蛮婚礼》态度的转变。但那是在 1985 年，从那以后便有了时效限制。不得不说，在这一时期，布利夫所有的节日都是在餐桌上举行的，比如查尔路·雷那乐嘉的齿轮餐馆，再如弗朗西斯·德桑迪埃位于洛斯唐日的树林边缘餐厅。那是在这个家族还未“抵达”城市之前，还在著名的书籍火车上时。这列书籍火车连接巴黎和布利夫，需要四个半小时车程，人们亲切地称之为“肥美火车”或“胆固醇火车”，因为，人们在这列火车上向受邀而来的作家提供地域特产，如肥肝、虾、馅饼、鸭胸肉、熟肉酱，同时也会有一

◎ 位于科隆热－拉－鲁格的贝勒农场的一道菜品，在壁炉上烹制的酱汁小牛排。

些坚果和李子酒来开胃。多么实在呀！人们还说，这些聚集在领头人雅克·摩尔周围的布利夫学派的作家习惯一起去这个城市最有名的餐厅赴宴（如齿轮餐厅、螺旋餐厅、佩里古迪纳餐厅），或者去它们之间最富裕的一家——克劳德·米歇莱家，他是《狼与斑鸠》《斑尾林鸽消失不见》的作者。他的妻子贝尔娜·戴特是这个地区最棒的烹饪大师之一，她所烹制的法式什锦砂锅闷肉家喻户晓。另外，坐落于马尔希亚克高地的农场上的米歇莱家，孕育出了两部献给利穆赞烹饪的作品：《利穆赞的四季》《只为快乐》。《回忆与食谱》，这本书中大段篇幅讲述的是热爱这片土地的狩猎者的回忆。所有这一文学流派（以及野外派）的成员都以钟爱美食而出名。他们只钟爱那些传统美食：清炖肥肝、带斑点的牛肝菌、烤土豆焖肉，还有“火候恰好的烤鸽子”，这一菜名是志愿者德尼斯·迪里那克起的，他是“高卢人”，是“新式烹饪”的著名抨击者。他来自杜乐附近的奥里亚克，与地道的布利夫人米歇尔·贝拉摩尔和佩里格人克里斯坦·西廖乐分享纯粹实在的美味食品。米歇尔·贝拉摩尔是《光明与泥泞》（本书回忆了百年战争）的作者，克里斯坦·西廖乐是大获成功的《希望河流》的作者。我们终于理解：利穆赞的美食是丰盛的、肥美的，但同时也是严格的、节制的。所以，我们知道了肥美的鹅肝对于整个西南地区而言，就是“很棒的胆固醇”，并构成了这里的美食庆典。同时，我们也知道，利穆赞包含了三个省（克洛兹、上维也纳、高雷兹），也会向那些与其类似的地区借鉴经验。布利夫美食的代表有：工作山谷餐厅（在布利夫）、贾鲁普农业共同经营联合会餐厅（在达维尼亚克），还有大勒布吕热龙农场餐厅（在维日瓦）的肥肝、鸭胸肉、焖肉、熟肉酱、肉酱。当然，还有这里的坚果、甜酒、紫芥末，以及德努瓦餐厅可口的开胃酒。

美味特产

比如，用芥末种子和葡萄汁制作的布利夫紫芥末，自 1839 年开始便是德努瓦餐厅的招牌菜。这道菜的制作需要美味的酸醋调味汁，同时配以略做腌渍的极品黑猪肉肠，也可以放一些家用烤肉及冷鲜肉，配以煎土豆牛肋骨。这款味美香甜的芥末一直以来都是纯手工制作的，不添加任何防腐剂。醋、黑芥末种子、不同地区的红酒，这三者之间剂量的秘密如同一个谜团一样，一代一代传承下来。葡萄汁与芥末种子混合之后，进行三次研磨，目的是为了使谷粒细腻的口感淋漓尽致地得以彰显。接着，细心加工芥末，并放置在精致的广口瓶中。这个特产是布利夫美食的招牌，同时还有德努瓦系列的其他产品，在19世纪酒库的制作车间里制作而成，当地的各类酒品，也都是在蒸馏间里纯手工制成。在这里，我们还可以幸运地品尝到德努瓦系列最棒的产品，它是以龙胆、薄荷以及当地苦艾酒为基础，配以木火熬制的糖浆，再加上科涅克白兰地以及阿尔玛涅克白兰地制作而成的奥巴辛酒，被命名为核桃开胃酒。传统方式酿制的酒类是布利夫与另外一座大城市，也就是这个大区的首府利摩日，融合在一起的表现。皮埃尔·努奥将自己的蒸馏车间改造成了一个当地传统招牌美食的博物馆，这个酒窖坐落在贝勒佛尔大街54号，酒窖里拥有20多个地区不同的利口酒，这些利口酒不管是在色泽上还是味道上都很棒。此外，还有栗子甜酒、桑椹甜酒、当归高卢酒，还有不得不提的琥珀赛弗酒。这款酒是将水果和植物经过精心蒸馏融合，再加上橡木树干以及两种高级白兰地绝妙融合而成（科涅亚克白兰地和阿尔玛涅亚克白兰地）。不论是用清水煮还是置于温热的咖啡杯中，这款酒的口感都是清甜的。不得不说，皮埃尔·努奥的综合性酒窖非常值得参观，不仅内容丰富，还富有启发性。

◎ 右图：a.2004年，伊莲娜·加莱尔·当科斯和罗伯特·萨巴捷一起坐火车去布利夫。b.希尔维·德努瓦，是第四代酿酒传人。c.弗朗索瓦·布勒，和女儿在梅马克经营一家餐厅，名字叫作弗朗索瓦家。e.安妮·马涅是牧羊人佛特奶酪的制造者，她养殖的山羊也是奶酪的来源之一。f.布利夫的紫芥末。德尼斯·迪丽那克在自己的家乡奥里亚克村庄。g.奥莱利·萨旺在贝勒农场。h.克劳德·米歇莱，是马西亚克的农民作家。i.德努瓦酒厂的铜质酒桶。

LA MONTAGNE
a

b

c

d

Moutarde
VIOLETTE
de BRIVE
AU MOUT DE RAISIN
e

f

g

h

i

◎ 左图：胡桃酒、极品胡桃酒、手工酿制胡桃酒。这家出名的店铺坐落在布利夫，拥有一个博物馆：那里摆着古老的瓶子，样式陈旧但令人着迷，都是对传统的赞歌。

◎ 右图：罗伯特在位于布利夫–拉–加亚德的巴士流动猪肉铺工作，他是爷爷，和他一起的还有他的两个孙女。在阳台上的是：玛丽·劳尔和安娜·苏菲。她们没有铺子，但是有一辆卡车来回穿梭在附近的各大市场。由乔治·布拉桑演唱的《布利夫肥肉市场》，特别凸显了布利夫人的技艺水平。

这一地区也以奶制品出名。长相欠佳的高雷宗奶酪，是在米勒瓦歇高原上香贝莱的三棵杉树农场制作的。还有柔软的古宗奶酪，表皮有花纹，源于母牛奶汁中的乳酸干酪素，产自克勒兹省的古宗市。但是，品质最好的奶酪当属牧羊人佛特奶酪。

最后，我们可以很肯定地说，牛肝菌贯穿了这一地区的美食。牛肝菌需要在林下灌木中细心采摘，食用起来很简单，只需要让它们霉变，在炉子中用黄油或者橄榄油煎；同时，也可以放一些品质上好的鸡肉以及利穆赞当地的高品质肉类。因为，肉才是最重要的，不管是小牛肉、牛肉还是下水。

极品牛肉的国度

利穆赞地区的牛肉家喻户晓。因为，这里的牛体型中等，最小的牛重量为 650 千克，最大的牛重量可达 1100 千克，从 4 月到 9 月放养式驯养，食用新鲜细嫩的鲜草。

至于它的品质，骨骼细腻，肌肉发达，精肉产量很高，但同时，其纤维中脂肪的出油量也很高，牛肉纹理非常细致。不论是肋骨上的排骨肉还是牛排肉，利穆赞的牛肉口感都是极好的。这种肉美味可口，可以在炉子上煎或煮，放上大蒜肉酱汁及带斑牛肝菌后，它的高品质也能表现得淋漓尽致。

要说利穆赞的小牛，它是由母牛抚养长大，吮吸天然的奶汁，一直养在牛栏中，3～5个月的时候被宰杀，所以肉质不是特别肥，但是又能保证足够且良好的出油量。另外，还有一些散养的小牛，被称作“放养小牛”。它们被养在野外，吃着丘陵上的草，就和克劳德·米歇莱以及他家在马尔西亚克所养的小牛一样。放养的小牛肉质鲜红，非常美味可口。

利穆赞的猪肉同样也很出名。我们想到了圣·伊里埃·拉·拜尔西著名的黑臀猪。这种猪肉肉质紧实、柔软，呈现出一种鲜红色，猪膘层厚度可达12 ～ 15厘米。利穆赞黑臀猪食用土豆、蔬菜根、苤蓝、萝卜、各类谷物粉、栗子、橡树果实，一般在冬季时被宰杀，大约在它们被喂养16 ～ 18个月的时候，此时的肉质特别适合烤肉。

另外一个当地特产：不同种类的下水，同时还有头、舌头、脑、猪肠、猪胸、小牝牛腰子、蹄、心、睾丸（绵羊睾丸做成的菜肴），非常肥美，这些都是利摩日下水铺子里面的精品。小牛头，建议与格里必西酱汁、酸辣调味汁或者紫芥末搭配，在这一地区的优质餐厅里都是热门菜。利穆赞的圆面包也同样出名，这种面包为千层状，融合了猪里脊肉和小牛肩肉，可谓一道美味大餐。

不得不提及利穆赞的绵羊，尤其是米勒瓦西高原的绵羊，以其能适应贫瘠的土壤、恶劣的天气出名。利穆赞的这一绵羊品种被大量售卖到该大区以外的地方，特别是奥弗涅、阿尔萨斯、洛林、朗格多克－鲁西永。这种绵羊肉呈红色，羊膻味浓郁，而肉质极为细腻、肥美，入口味道鲜美又香气四溢。

利穆赞的甜食

利穆赞的甜食种类繁多、美味可口：博尔兹家族的巧克力、杏仁巧克力以及美味甘纳许巧克力奶糊都很有名。1909年以来，特莱亚克市的博尔兹家族一直是

◎ 牧羊人佛特奶酪是由三个人共同制作的：来自艾格勒东的布鲁诺·合弗莱，来自梅马克的安妮·马涅以及来自沙尔特里耶－弗尔里埃的吉尔·佛尔。他们饲养母羊，然后制作出奶酪。带着科雷兹人勇于尝试的精神，他们聚集在一起研发一款非限定产品，这款产品的灵感来源于香－德－布拉西牧羊人所生产的奶酪。

牧羊人佛特奶酪

这款纯天然产品是由克莱兹当地驯养母牛的三个热情四射的农场主共同制作的：来自艾格勒东的布鲁诺·合弗莱，来自梅马克的安妮·马涅以及来自沙尔特里耶弗尔里埃的吉尔·佛尔。满怀着大胆创新信仰的科雷兹人，聚集在一起研发出了这款非限定的美食产品。

牧羊人佛特奶酪起源于过去香德布拉西牧羊人所生产的产品。这个地方离科雷兹小镇很近，而他们将这款产品的制作工艺进行了翻新。

他们的烹饪方法是：取母羊的奶汁，在32℃时掺入凝乳，在8～12分钟的时候取出来，分成八份以制成干酪，用软尺切成方块状，放置在一个微波打孔模具中，这样便能制作出1千克重的圆奶酪，奶酪每天需要翻面四次，还要被放置在盐水中两个小时，随后还要静置于稻草上至少两个月，使其变成熟干酪。

最后，是佛特奶酪（*安妮·马涅解释说，这一名称的来源是因为老妈妈们不给我们最好的配方*），这是一种碎状的白皮奶酪，有条纹，呈现出一种浅浅的橙黄色。这款奶酪是水果与坚果的融合，发酵程度介于未熟的硬质奶酪和乳酸凝乳之间。

面包师世家。博尔兹家族四代都是极负盛名的巧克力师和糕点师，之后被柏斯家族接替。贝尔纳，作为博尔兹家族的最后一名糕点师，一直专注于甘纳许巧克力奶糊（德鲁伊德宝石，这款榛子杏仁巧克力奶糊，其表面撒上了糖粉；诺瓦利斯是杏仁芝麻巧克力奶糊，巴拉多西是花生糖巧克力奶糊，琥珀是可可片奶糊），以及高品质甜食，糖点，甜酥式面包的制作……伯乐卡（一种从“爱情之井”焦糖布丁的鸡蛋松软面团演变而来的美味甜点），夏尔拉肖（黑巧克力慕斯，下面是甜脆的杏仁巧克力），乔治·桑（巧克力焦糖奶油），以上这些无不显露出利穆赞甜品的特色。

利穆赞的美食家们大量使用水果：白栗子、蓝莓、牛角核桃或者马尔博核桃，苹果顶部和果肉被削去后中间呈长方形、不规则的果心，我们可以在弗洛涅亚德馅饼中找到这些水果，这是一款非常传统的家庭糕点店。同时还必须提到圣－莱昂纳德－德－诺布勒的李子干、瓦尔的李子，还有黑樱桃——一种有点酸的小樱桃——它可以用于制作美味的水果蛋糕，这种水果蛋糕在当地非常有名。我们还可以品尝到圣－伊利埃的玛德琳蛋糕，或者荞麦煎饼，这款荞麦蛋糕也被称为图尔图、家乐图或彭帕斯，还有米克岩石蛋糕，这是一种面糊，用沸水煮后不用放入烤箱中去烤，我们也称其为硬面团，它的形状就像奶油圆面包球。它可以搭配蔬菜炖肉一起吃，也可以独自成为一道西多士吐司那种类型的甜点，只要用平底锅将其加热并撒上糖。

虽然利穆赞没有出名的葡萄园，但利穆赞为波尔多提供了一批著名的葡萄酒批发商。这点只需去梅马克的弗朗索瓦餐厅吃个早餐便能略知一二，这家餐厅位于枫丹－杜－拉大街24号。奥朗德和希拉克都曾在这里就过餐。过去，这些商人，就像让·盖伊·波尔达一样，开始在法国北部以及比利时瓦隆地区售卖波尔多高品质的葡萄酒，同时还附上他们的地址：波尔多附近的梅马克。自此，或者说不久后，穆埃家族、亚努埃家族、波利·马努家族或德伦家族，开启了阿基坦地区的大王朝。三十年来，弗朗索瓦·布勒一直和他的母亲莫尼克经营着一家小客栈，小客栈以他的名字命名，里面有各类名酒的菜单，在他那里，人们可以肆意畅饮侯伯王酒以及白马酒。但是人们来到这个令人神往的地方，不仅仅为了喝酒，在莫尼克和她丈夫买下这家店铺之前，这里是一家面包店，离主干道只有几步之遥。去年7月，

◎ 这款德努瓦家巨大的冰淇淋蛋奶酥是铁塔酒店的招牌甜点，这家酒店位于奥巴新市，这座城市也是可可·香奈儿的出生地，科莱特、马尔洛、艾迪特·碧雅芙等人也曾在这里生活过。图中是让－路易·索尔和这个60年前做成的巨型糕点；并向高品质的布利夫酒致敬。

雅克·希拉克曾三次来到这里，他非常喜爱这里的小牛头肉。小牛头肉配以味美的酸醋调味汁以及超薄的洋葱片，是一道令人垂涎欲滴的菜肴。

另外，利穆赞还有很多其他菜肴值得推荐，比如紫芥末猪脚、牛肝菌肥肝图尔图饼（图尔图是一种当地的可丽饼），蓝莓胸脯肉，简单的利穆赞牛肉里脊，还有焦糖苹果热肥肝，这些都是纯粹的美味啊！这座法兰西心脏的小客栈热忱欢迎四方来客，它位于一个特色鲜明的小镇上，附近有拉·封丹广场，也靠近米勒瓦歇高原。人们品尝了弗洛涅亚德杏子馅饼以及坚果冰淇淋蛋奶酥，最后，再加上一点陈年李子酒，相互说是吃饭的时间了，放飞思想交谈，其乐融融。弗朗索瓦万岁！科雷兹万岁！法国美食万岁！

◎ 莫妮克和弗朗索瓦·布鲁母女，把她们在梅马克的弗朗索瓦餐厅当作法国心脏的象征。雅克·希拉克喜欢来这里，为了小牛肉、美味的菜肴，从一个波尔多地窖里酿造的美酒、热的鹅肝、季节性的果酱和合理的价格，使一群幸福的顾客聚集在一起。一家旅馆离米勒瓦什高原仅两步之遥，这是一个由福雷特和朗德组成的地区自然公园。

弗洛涅亚德苹果馅饼

弗朗索瓦·梅马克

6 人份

5 个苹果，4 个鸡蛋，4 勺面粉成汤状，3 勺白糖粉成汤状，250mL 牛奶，一撮盐

在一个沙拉盆中，混合面粉、白糖和盐。然后慢慢加入全部鸡蛋以及冷牛奶。

将高边馅饼烤盘涂上一层黄油，用切成小块的苹果块铺上，然后将面团倒进去。

烤箱预热至 220 ℃，烤上 40 ~ 45 分钟即可。

16

夏朗德－普瓦图－旺代

黄油的天堂

“夏朗德－普瓦图，夏朗德－普瓦图……”我的脑海里不停地回荡着这首老歌，它讲述了这一地区的财富所在：葡萄树、曲折的海岸线、绿色的秋林、科涅亚克白兰地、干蛋糕（也叫布洛耶）、美味的山羊奶酪、牡蛎。在这里，尤其需要提到的是黄油、黄油、黄油……

◎ 左图：艾希蕾黄油合作社成立于1894年，距离尼奥尔和普瓦图马莱地区非常近，挤奶人专业的手势保证了黄油最古老的品质。黄油出自这样一种不同寻常的挤奶手法，人们用杵把黄油放置在越南柚木刻成的模具里，这样可以使它成块。只有耐心细致才能制作出品质上乘的黄油。

黄油的天堂

黄油在这里无处不在，无须过多的言语，黄油就是这一地区的财富。当地的黄油合作社就是象征，比如艾希蕾这个合作社非常值得我们留意。这家合作社成立于 1894 年，它在保留过去牛奶制作工艺的基础上使其符合现代化标准。过去在农场里，在 45℃时变成脱脂乳之前，要以最快的速度将牛奶收集起来。当盛满牛奶的大桶抵达乳品厂后，还需要两个小时，我们才能分离出牛奶脂部分，获取乳油。我们将它“气化”，也就是说我们将它加热至 95℃，然后使用巴斯德灭菌法将其隔绝空气冷却至 11℃。它的成熟过程，也就是从乳油变成黄油的过程，需要 17 个小时。同时，还需要向里面加入占牛奶比重百分之二的乳酸酵素。接下来，就是搅拌了，需要在越南柚木桶内搅拌两个半小时，不放丹宁。然后，我们用纯净水洗去黄油渣滓，减少黄油中的干杂质。最后一步就是进行揉捏，这样可以使黄油适应最终的湿度。不管是甜黄油还是半咸黄油，都是做成 250 克的块状，用小纸板或者小筐包裹。艾希蕾黄油含有这一地区独特的水果特质，这一地区的草质使得牛奶的风味非常特别。

我仍然记得以前我和莱昂普瓦拉内一起从巴黎赶到尼奥尔来品尝这一绝妙美食：一片酵母乡村面包，抹上散发着奶油气味的黄油，美味清甜，发酵产生的二氧化碳造就了它无与伦比的柔软口感，轻如空气，宛若白雪。这对于美食家而言就是纯粹的享受！

◎ 右图：a. 在努瓦尔慕捷地区的盐田里，尼古拉斯・卡尼尔用耙子收集盐花。b. 那些小鸭崽，未来就会变成著名的夏朗鸭子。c. 来自龙斯莱班大夏莱防护堤的海鳌虾。d. 贝谢特饼，这是一种来自伊尔帝厄海军的有名的小饼干。e. 古瓦小道，是一条将大陆与努瓦尔穆捷岛联系起来的道路，只有落潮的时候才能显露出来。f. 一桶艾希蕾黄油通过模具制作成黄油块。g. 一盘海鳌虾，来自位于奥雷隆的拉皮古伊。h. 艾古乐是一名努瓦尔穆捷的农民，他手里拿着的是最受欢迎的土豆。i. 夏朗市场里的一名旺代人。

a

b

c

Betchet'
0,80€
d

e

f

g

h

i

水果、蔬菜、白扁豆

这片富饶的沙性土地孕育出大量的水果和蔬菜。比如，洋百合、甜菜（也叫水苏），可做饲料的白菜、栗子、大葱，来自普兰的新鲜早熟种土豆，尼奥和圣特洛让的洋葱，黄色韭葱（也叫普瓦图大胖子），克罗夏尔斑皮苹果。当然，还有扁四季豆，我们叫作法国白豆，这种白豆在这里非常受欢迎，在附近的旺代地区也是如此。这种半干的法国白豆是 17 世纪时引进普瓦图－夏朗德地区的，并成为普瓦图马莱地区的代表菜，在这里叫作莫日特白豆。20 世纪初，很多不同品种的扁豆被引进到这一地区：首先是阿尔及尔的品种以及马兰的品种，接着是米歇莱的品种，这个品种是最早熟的；然后还有旺代的白豆品种，索瓦松品种，瓦兹的腰豆或者马莱的椰豆；最后就是蓬－拉贝品种（来自热尔省的蓬－拉贝－达尔努地区），这种豆子成棕色腰子状。这些不同品种的扁豆接踵而至。法国白豆出口到安的列斯群岛和巴西，它的产量很高，成为普瓦图马莱地区最主要的农作物。栽种两个月后，7 月份便可收获。白豆的采摘过程是纯人工采摘的，再将其放到太阳下使其根部干燥，整个生产过程都是手工进行。人们还赋予了它一些神奇的作用，比如可以缓和夫妻间的矛盾，避免各式各样的灾害，同样也可以保护人类。它富含蛋白质，是能量的来源，也可以和各类谷物一起烹饪，可以烹制成汤，做成沙拉，可以和精美的或者野味十足的菜品相配，也可以和洋葱或者猪肉皮搭配。不管如何，这种蔬菜是法国南部地区的一道佳肴。

索绒和鲁瓦扬的风景美不胜收。雅克·夏尔多纳在他的《巴尔贝齐厄的快乐》一书中曾经描述道：狭长绵延的海岸线，荒芜，炽热，在宁静中，清风吹拂而过，唯有海浪还在低语，沉默的松木伴随着野生石竹的香气缓缓飘来。在沙丘深处，隐约可见一棵葡萄树；猛烈的穿堂风带来了荒芜，就在这附近，圣东日的乡村生活开始了。

新鲜的灯芯草干酪

在圣皮埃尔－多雷隆市场的乳制品商店，我们找到了当地的特产之一：灯芯草干酪。这种新鲜的干酪呈球状，直径约 20 厘米，是用绵羊、山羊或者奶牛的奶制成，根据地方不同，制作材料不一样。取名为灯芯草干酪，是因为它的表面有很多细纹，这是将其放置在灯芯草编制的模具里形成的。为了制作这一市面上罕见的奶酪，需要将奶预热使其温度升高，但是不能煮沸，然后放置半小时让其凝结，加入朝鲜蓟花——起凝乳素的作用，人们称之为夏尔多耐特。在水中沥完乳清之后，便可以食用。它的表层坚硬，里面柔软，它的搭配物可以随意选择，作为前餐可以加上胡椒、大葱，再拌上香芹米粒或者小葱。另外，人们也很喜欢将其作为甜点，加入蜂蜜、糖、果酱或者新鲜的水果一起食用，也可加入科涅亚克白兰地或者橙子花以增加其香味。

葡萄树的甜言蜜语

在这里，有科涅亚克白兰地，有雅尔那克、科涅亚克以及塞贡扎克酒库。这些酿酒坊木香四溢，酒窖被这些“天使”填满了，酒精散发出香气。在新都铎城堡酒庄，夏朗德的皮诺酒混合了新鲜的葡萄原汁以及 60° 的白酒。这儿的酒从法国中部流向周围各个地区，比如大小香槟酒、博德力酒。这些葡萄酒都出自哪些葡萄品种呢？有疯狂白葡萄、高龙巴葡萄、白尤尼葡萄。一路上，我们可以看到白葡萄品种的赤霞珠或者夏敦埃，红葡萄品种中的加美葡萄、弗朗克解百纳、黑皮诺或者格罗洛。这些葡萄品种是上普瓦图地区酒品酿制时的御用葡萄。然而，这一地区最著名的酒当属科涅亚克白兰地，这款酒对于那些品酒大师而言都是极致好酒，同时也风靡亚洲。享有 AOC 标识的夏朗德皮诺葡萄酒，不管是白葡萄酒还是红葡萄酒，度数均在 16° ~ 22°，作为开胃酒，口感细腻、清爽、香甜，充满果香，并伴有夏朗德的柠檬香味，口味极佳。

最后，我们要为旺代的健康美食干杯，不仅仅是当地的葡萄酒，还有令人喜爱的旺代地区的著名葡萄酒，比如皮索特、布朗、马勒伊、维克斯葡萄酿造的白葡萄

◎ 在那些旧式酒窖里，一部分酒会蒸发，使得酒窖里的墙壁变黑（天使之享），在这里，制作出了最高品质的科涅亚克白兰地。图中，酿酒师的工作就是在陈旧的橡木桶里提炼产品，他是大香槟陈酿葡萄酒的专家，工作在诺曼丁·梅西耶酒庄。该酒庄位于东皮耶尔的贝罗迪埃城堡。

酒，加美或者黑皮诺葡萄酿造的红葡萄酒以及桃红葡萄酒。此外，不得不提到卡莫克，一种旺代地区的咖啡酒，它可谓是这一地区的长生不老药。这种咖啡酒出现于 1860 年，最初只是为了满足荷兰海军而制作的，他们是咖啡的钟爱者，来到此地是为了给旺代和普瓦图地区的沼泽排水。卡莫克也可称作摩卡。说到摩卡咖啡，人们就觉得制作起来很容易。在卢松的黎塞留广场，亨利·艾美·弗里尼奥德建造了自己的酿酒坊，而那仅仅是制作酒的地方。这款酒的想法出自他的孙子亨利·爱弥儿，他将三种浸渍咖啡和中性白酒混合，精心酿造，将其放置在橡木桶中三年，使其陈年贮藏。这种酒，不仅香甜，同时也很凛冽，不管是冷饮还是热饮，尝起来都带着一股自然的醇香。它也可以和鲜奶油搭配品尝，这就是旺代地区爱尔兰热咖啡的做法（将威士忌酒和奶油搭配）；或者在酒里加入牛奶使其柔和，变成大杯的饮料，或者

◎ 右图：a. 酿造间的橡木和在原始博物馆店铺里贴有旧式标签的卡莫克酒。b. 卡莫克酒（Kamok 是由 Moka 这个词改变位置构成），是一种典型的旺代酒，以咖啡为原料，在吕松地区的古老酿酒坊里面精心酿制而成。它喝起来口味自然清爽，可以冷饮也可以热饮，还可以和鲜奶油搭配，或者爱尔兰咖啡式也可以。

像鸡尾酒一样加入冰块。当地有名的厨师都愿意在自己的食谱里加入这款酒：比如在制作舒芙蕾蛋糕、卡莫克巧克力塔饼，还有椰汁卡莫克烤虾时都会用上它。这家葡萄酒制造工厂曾一度搬到距离吕松十几公里外的圣热姆－拉普莱纳市，在去往尼奥尔的路上，而如今这家酿酒坊坐落在泳河畔拉罗歇市。不过吕松市最早的弗里尼奥德家族的酿酒坊仍然是这款美味的卡莫克酒的发源地。除了卡莫克酒，我们还推荐旺代地区的茴香酒、当归酒、“朱安”酒（酒精含量 15°，一种用红色水果浸渍而成的开胃酒，包括草莓、黑加仑、覆盆子、桑葚、醋栗、樱桃，也可以放一些焦糖让度数变成 17°），还有卡油斯基酒（一种杏核酒），以及一款非常美味的桑葚奶油酒。然而，卡莫克酒仍然是其中的佼佼者，也是这一地区的明星酒。

普瓦图马莱地区的招牌产品

当地的经典产品，连接了普瓦图马莱地区和附近地区——自然光线充沛的教堂需要乘船才能抵达——蜗牛，也被人们称作鲁玛斯蜗牛、卡古伊尔蜗牛或者灰色的小不点。爱吃蜗牛的人，爱吃卡古伊尔蜗牛的人，蜗牛也可以代表那些著名人士，不是因为他们的慢吞吞，而是因为他们的耐心细致和谨慎行事。蜗牛鱼子酱使用夏朗德蜗牛卵和奥雷隆地区的盐花。罗曼·拜卢瓦尔在科涅亚克附近的蒙斯市建立了一个蜗牛养殖场，它筛选、收获蜗牛，选择那些产在欧石楠土地上的卵（每年只有 3～4 克的产量），这些蜗牛先是被养殖在 4 公顷的自然场所，慢慢适应这一环境。罗曼拜卢瓦尔将蜗牛鱼子酱卖到法国的星级饭店，并卖给那些钟爱乡野鱼子酱的美食家。这种蜗牛卵细腻、洁白，有一种林下灌木丛的气味，让人联想到牛肝菌的味道，同时还混合了秋天、湿润苔藓的味道，口感细腻，充满诱惑。

水的国度

近海以及数量繁多的河流孕育着各种日常食用的美味食物：鳗鱼、鲤鱼、墨鱼（一种乌贼，用黄油煎一下，再撒上大蒜便可食用）、圆尾双色鲻目鱼（一种小鲻目鱼，美味可口，可油炸或油煎）、幼鳗（鳗鱼苗，在西班牙也叫 Pibale），另外还有蛤子、清水龙虾、海螯虾、海边栅栏养殖的贻贝、花

◎ 右图：a. 詹姆斯·罗布特，是个絮絮叨叨的粗人，祖祖辈辈都是渔民，手里拿着捕来的蟹站在雷莱德萨利纳港口，这个港口坐落在奥雷隆的大村庄。b. 在这个小港口附近，人们就地重建了一个海滨村庄，以及雷莱德萨利纳色彩缤纷的趸桥。

◎ 在努瓦尔穆捷岛，海滨与盐田之间的小水渠，这些水路连接着陆地与海洋，供给着这一地区的盐碱地。品味旺代地区风景的一种诗情画意的方法……

蛤、扇贝、沙丁鱼、白金枪鱼。尽管如此，这一地区的招牌海产品，当属马雷讷－多莱龙地区的牡蛎了。在古代就听说圣多纳沼泽的牡蛎被运送至罗马，专供大家族的宴会使用，而圣多纳其实是马雷讷地区一个盆地的名称。然而，1868 年的一场暴风雨后，在纪隆德港口，莫尔莱人带来了葡萄牙牡蛎。1922 年，这里经历了一场动物流行病，很多物种因此消失。于是葡萄牙牡蛎便成为马雷讷－多莱龙地区的“官方”牡蛎了。1967 年左右，葡萄牙牡蛎也呈现衰败态势，1971 年，80% 的库存不复存在。科学家建议引进来自西班牙和日本的吉咖牡蛎。这种马雷讷新品种是一种苦藏牡蛎，在养殖场养殖，口味更加细腻，不那么涩，比那些深海产品含碘量要低，但更便于储存，牡蛎的鳃也经过了自然净化和绿化。这是一种极致美味的牡蛎。米歇尔·盖拉尔建议将牡蛎与尚蒂伊咖啡奶油搭配，马克·梅诺建议用白水煮，用海水冰冻。养殖场出来的牡蛎富含水分，肉质细嫩，香味独特，最特别的一点是它们的体积都比较大。“养殖场的牡蛎苗”，法国红标品质保证，牡蛎中的劳斯莱斯。

◎ 沼泽地的盐角草：这是一种在盐碱地生长的植物，一种野生含碘海产芦笋，口感细腻，美味可口。盐角草食品的烹制方法有很多种。

盐角草

在所有来自海洋的产品中，人们非常珍视盐角草，它既不是藻类也不是蔬菜，但确实是一种植物。盐角草有根部，可以在盐碱地里生存，是沼泽之花。它从来不惧怕被海水淹没，喜爱阳光和风，春季和夏季是它的收获时节。盐角草含有丰富的碘，富含多种维生素，且有着纯天然的盐味。因为盐角草新鲜、滋补、富有活力，带着海洋的口味，人们非常喜欢食用它。它可以只用醋浸泡，不放任何色素和防腐剂。盐角草可以用来做美味的“环保”沙拉，也可以和煎鱼或者生鱼、甲壳类产品、冷鲜肉或者猪肉产品一起食用。它适合各种各样的搭配，甚至一些我们想不到的搭配：吐司、白黄油、烤软供刮着吃的奶酪等。在努瓦尔穆迪耶，在格朗代半岛，这种“盐之黄金”都在盛开。在小盐角草人连锁店，雅尼克 · 布拉维使盐角草商业化，这里的盐角草成了美味可口的醋制调味料。让我们一起愉快地品尝吧！

神秘的植物——当归

在这个地区出名却鲜为外人所知晓的宝贝是什么？肯定是尼奥尔的当归。这是一种神秘的植物。在17世纪，来自斯堪的纳维亚半岛葡萄酒产区的人们发现当归的口感非常细致。尼奥尔的塞弗尔镇的边缘地带，当归在杨树荫下茁壮成长。在中世纪时，当归被用来驱赶尼奥尔当地的鼠疫。我们可以说它是夏朗德的“灵丹妙药”，为什么不呢？ 14世纪，在中欧的修道院里，人们将其当作一种药物来种植，也把它当作一种有益身体健康的蔬菜。1600年发表的名为《农业剧院和农活》的论文中，奥利维亚·德·赛尔用其想象般的语言说道：“当归，正是因为这种植物能够对抗不好的东西，所以才有了这个名字。人们可以用糖将当归浸泡。”沼泽地带绿色的当归是那些纯天然药物钟爱者的万灵药，他们认为它拥有滋补、通经活络、健胃、发汗、祛痰、祛风湿以及净化的功能。首先，当归是一种细长的绿色的草，是一种根，含丰富纤维，它类似于刺菜蓟，人们将其制成对人体健康有益的甜食、果酱、糕点和酒。18世纪，在尼奥尔的宗教信仰中，将当归糖渍做成食物，可以赋予其药物功效。当归能在湿润的土地上繁茂生长，它就像是普瓦图马莱地区的女儿一样在这片土地上茁壮成长。因当归特有的口感、疗效以及香味，它也被种植在家中。当归的用法多种多样，可以将它加入到纯酒中，调和成味美的鸡尾酒，再加入冰块冰镇；也可以混合到奶油里，制成冰淇淋、糕点、果酱、水果泥或者糖渍水果。不管是咀嚼、饮用、吮吸还是吸入各类当归制品，都能使一个颓废的马莱老人容光焕发。

一些特色甜食

普瓦图－夏朗德地区是甜食的地域，这里的人们钟爱各式各样的糕点，比如美味的糖果，圣－让丹热的木块糖果（一种呈一段木头形状的焦糖糖果），陈年科涅亚克白兰地巧克力，容扎克美味（一种指状甜饼干），昂古莱姆的公爵夫人（一种杏仁巧克力夹心的奶油糕点），吕西尼昂的马卡龙，油炸糖糕（忏悔星期二的贝奈特饼干），玉米饼，普瓦图的奶油夹心糕点，火苗面包（也叫火焰蛋糕，一种拥有棕

这种生长于尼奥尔市的稀有而神秘的当归属植物，是夏朗德地区的一种人参，它生长在杨树的树荫下，据当地人说，有蚂蚁的味道……

◎ a. 尼奥尔当归：糖渍当归的枝干。b. 皮埃尔 • 多纳尔，是研究这种拥有神奇功效植物的专家，在他的当归地里悉心打理着这些植物。c. 他的当归地位于尼奥尔的边缘，也位于沼泽的边缘，现在已经到了收获季节。

色外皮的扁面包或圆形奶酪面包)。但以上所有的糕点都不能盖过普瓦图布洛耶饼干的光芒。事实上，从19世纪开始，所有的普瓦图人就开始吃这种饼干了。这种糕点在这里的农场非常受欢迎，它使用纯天然的材料：面粉、黄油，当然还有糖、鸡蛋和一大撮盐，我们需要将前两者混合进面粉和糖中。它能够在口中回味悠长正是因为这种特别的混合。1976年起，在古丽布尔连锁店，布里吉特·阿尔诺布埃就开始生产这一地区的明星饼干：布洛耶饼干。这些饼干是由当地的面包师纯手工制作而成，采用彩色的外包装盒，很快就风靡起来，也令人时常回味。

布里吉特·阿尔诺布埃的诀窍：重新使用他祖母宝莱特的配方，不放白酒，使用最原始的材料。秘诀：不放防腐剂，不放酵母，不放发胀粉，不放香草。要的就是这种纯粹黄油的口感。若埃尔·罗布贡，也被称作忠诚的普瓦图人，是普瓦图当地人，在制作布洛耶饼的时候会放上橘子花。捷克·布莱西涅，制作了一种母羊奶酪的布洛耶饼干，外形是小棒的形状。慢慢地，布洛耶饼干渐渐变成了煎饼状或者扇形，但本质仍然是黄油味十足的布洛耶饼干：普瓦图人为它自然真实的品质而感到骄傲。

◎ 巴特利克·吉罗德，是努瓦尔穆捷明星摊铺的第三代糕点师传承人，请品尝“Cob”饼干，这是一种清脆的蛋白脆饼，就好像空气中包裹着杏仁黄油奶油一样。最出色的“非授权饼干”也叫“Nono”，是一种马卡龙，它是在战争时期使用分配的面粉制成的，还有圣·费力贝特黄油嘉莱特薄饼，或者如上图所示努瓦尔穆捷的椒盐嘉莱特薄饼嘉莱特。所有的糕点都可以现场品尝。

古里博布洛耶饼

布里吉特·阿尔诺布埃
古里博连锁店
普瓦捷

10 人份

500g 面粉，150g 黄油，250g 糖，一整颗鸡蛋，一个蛋黄，一大撮盐

将面粉、糖和盐混合在一起。再加入黄油和一整颗鸡蛋，慢慢揉捏。

将面团摊开成一个直径 20 ~ 25cm 的圆形，放在烤炉盘里。用叉子在表面印上格子，并且用刷子将蛋黄刷在表面。

放进烤箱，以 180℃的温度烤制 20 分钟。

按照传统，布洛耶饼是不会用刀切开的，而是用手轻轻掰开。这样每个人都可以享受一小块了。

17

卢瓦尔河谷

沐浴在国王河的光环之下

恩泽了两个大区的国王河沿岸，是如此光彩夺目！它将整个法国一分为二：北方和南方。这里还拥有很多领主和国王的城堡：这两个大区都是中央大区，当然还有卢瓦尔大区，其中旺代地区我们已经提及，它跟普瓦图－夏朗德地区比较相像。

◎ 左图：亨利·马里奥奈，热衷于索洛涅地区苏万的夏尔莫瓦兹葡萄酒，这款葡萄酒是卢瓦尔河谷的名品之一。他耐心探寻那些已经遗失的葡萄酒口味和正宗的葡萄品种，比如拥有红色汁液的布兹加美葡萄。在根瘤蚜出现之前就存在的叫作维尼菲拉的非嫁接葡萄品种，“最早的收获”葡萄品种，罗莫朗坦白葡萄苗，这是由一株种植于 1850 年的葡萄品种奇迹般培育而来，以上这些都是这一地区的宝贵财富。

传奇般的葡萄酒

拉博来，是希侬附近的拉德维尼埃尔人。他说：“小小的城市，大大的声誉。”他非常肯定卢瓦尔河地区的葡萄酒，觉得它们非常适合那些“宁静的聚餐”。

不管是“智慧型”葡萄酒还是“爱开玩笑的”葡萄酒，在萨尔特省各式各样的葡萄酒都可以叫作雅思涅尔葡萄酒，或者在南特附近的被叫作昂司尼葡萄酒。简单、坦率并且充满欢乐，这就是身为布尔盖人的喜剧大师让·卡梅喜爱这一地区的葡萄酒的原因。这里有安茹或者都兰葡萄酒，也有闻起来带有腐殖质味的白葡萄酒。亨利·马里奥奈特是索洛涅苏旺地区狂热的葡萄种植者，他耐心探寻那些已经遗失的葡萄酒口味以及正宗的葡萄品种，拥有红色汁液的布兹加美葡萄，以及有名的维尼菲拉非嫁接葡萄，甚至还有“最早的收获”葡萄，其中，还要提到新培育的罗莫朗坦白葡萄品种，奇迹般地源于一株1850年的葡萄树。希侬葡萄酒、布尔盖葡萄酒以及索米尔－尚皮尼葡萄酒都是非常受欢迎的，这些都是品霞珠葡萄酒，特别是1947、1959、1976和1989年份的葡萄酒尤为受欢迎。位于希侬的回声葡萄园的考利－杜塞，成为这些葡萄酒最大的收藏家，并从此成为葡萄酒专业人士。

卢瓦尔河谷的葡萄酒就如同瓦雷里·拉尔博所说的那样：“我对于葡萄酒的回忆就像对爱情的回忆。”加斯顿·予厄的大孚日白葡萄酒，圣－伊夫的萨维尼埃葡萄酒，让人骄傲的萨朗酒庄，美味的奥邦斯葡萄酒，令人神魂颠倒的伯纳佐葡萄酒，雅克布洛酒庄的蒙特路易葡萄酒，马里奥奈特的美味加美葡萄酒，令人骄傲的香特尔城堡和蒂埃里·日耳曼的尚皮尼葡萄酒。另外还有贝里地区的中产阶级都非常喜爱的白葡萄酒，它们来自苏维翁（坎西、罗伊、夏多美洋和普里富美，这些都是葡萄酒的名称），还有沙斯拉葡萄酒，是卢瓦尔河普美葡萄酒中的极品。

至于黑皮诺或者加美红葡萄酿造出来的酒，有桑赛尔葡萄酒、吉昂科多葡萄酒、美内图沙龙葡萄酒。当然还有科达的夏维诺葡萄酒，亨利博尔瓦酒庄的达内峰山坡葡萄酒，罗伊德吉尔的商人橡树葡萄酒及十字葡萄酒，吕西安克罗谢葡萄酒，还有凡卓岸酒庄的上等葡萄酒，比如梅洛或别的葡萄酒。这些都是当地山羊奶酪的绝佳伴侣。

奶酪，当属这里的山羊奶酪！

我们不得不提到夏维尼奥的辣味羊奶干酪，普利涅 – 圣 – 皮埃尔山羊奶酪，都兰圣摩尔奶酪，夏尔河畔赛勒奶酪以及瓦朗赛奶酪，这种金字塔形状的贝里奶酪可以说是这个地区的一大美食象征。这是一种由生羊奶制成的柔软的山羊奶酪，它呈金字塔状，但是在顶部削去了一大截，底部的直径为6.5厘米，奶酪表皮为花纹状，颜色呈灰色。1998年起，这款奶酪被列入限定产区产品，而这款奶酪在贝里地区早已风靡许久，这种奶酪每年的产量约为340吨，在当地有21个农场、6个乳制品厂或者说合作社生产这种奶酪。其独特的外形其实要归功于塔雷朗，他是瓦朗赛的领主及城堡主，是他在一次宴会上将奶酪的顶部削去。于是，之后用于沥乳清的蛋糕模具也沿袭了这一传统。

◎ 巴斯卡尔·贝耶弗尔（右边，左边是他的助手），他是大北方奶酪国王，图中所在地为达朗萨克市场。

奶酪的制作工艺严格按照以下步骤：生山羊奶，加入天然凝乳素，需要凝结 24 ~ 36 小时，再用长柄大勺将其放入模具当中，沥水之后出模，接着加入灰盐进行盐渍，在掺入凝乳素之后还需要静置至少 11 天才能最终成熟。其表皮呈自然的灰色毡状，并且带有白色及蓝绿色的痕迹。这种奶酪质地均匀，如同白色陶瓷，味道带有令人愉悦的林下香味，还伴有一点儿花香。它的奶味十足，其中还包含着新鲜坚果及水果干的味道。贝里地区的白葡萄酒（桑赛尔、普里、坎西葡萄酒）都是这种奶酪的最佳伴侣。

猪肉大餐

卢瓦尔河谷美味葡萄酒的另外一个好伴侣是谁呢？当然要属猪肉食品了，猪肉在这一地区是当之无愧的美食王后，这里的猪肉食品创造性地使用猪的廉价部位而令人赞叹不已。不管是图尔还是科奈里的烤香肠，或者雅尔诺的猪肉香肠、麝香葡萄酒香肠、南特的猪膘，尤其是勒芒和图尔的熟肉酱，都能带给人们简单的幸福感，使得人们私下里秘密交谈这些美味的秘方。

纯手工切割的瘦猪肉，加入盐和胡椒烹制 10 个小时：这就是让诺·达布瓦的秘方了，他是勒芒当地非常棒的美食制作者之一。他古老的店铺是在萨特城中心的甘贝达大街上，他沿袭曾祖父的制作工艺制作美味的熟肉酱。伏弗莱地区的美食转角连锁店里，阿杜安家族的两兄弟：雅克和安德烈，他

◎ 右图：a. 南特让·夏尔巴隆制作的胡萝卜鳗鱼。b. 南特的马卡龙，是南特地区戈蒂埃·德波戴制作的特产。c. 在小普雷西尼，杰克·达莱在他的石灰岩酒窖里。d. 让·巴德，是夏多鲁及图尔地区的大师，站在他汽车前（位于谢梅尼）。e. 巴特利克·克莱西和他的母羊们。f. 索洛涅地区的一次围猎。g. 奥利弗·杜朗，是索里尼埃地区的一名菜农。h. 位于布拉西厄的美食之约餐厅的装有蘑菇的广口瓶。i. 刚刚猎获的绿头鸭及雌雉。

a

b

c

d

e

f

g

h

i

们甚至辞了职专心经营店铺，才使这一传统得以留存下来。在维涅隆村庄附近的欧洲标准化作坊里，他们一直都在制作全法国最好的熟肉酱：这种熟肉酱是棕色的，香味四溢，不会很油腻。在铁制的锅中烹制，不需要盖上盖子，这是都兰地区的传统，再加一瓶伏弗莱地区的葡萄酒以提升香味。与勒芒的熟肉酱相比，这里的熟肉酱颜色更深，瘦肉更多。那么，阿杜安还有别的特产吗？那就是巴尔扎克十分迷恋的油渣，用小锅煎熬猪胸部及肩部的方块肉，烹制过程中也加入伏弗莱葡萄酒增加香味，然后再油焖。它可以用来拌沙拉冷吃，也可以热吃，口感酥脆，但是不宜烹制过久。这家店铺后来由卡尼尔接手，他制作猪大肠香肠的技艺非常棒：特洛伊式的工艺，用手固定住，再用细绳系上，和混有香辛料的大肠（或小肠）一起烹制，而有时也会和塞满肉馅的猪脚、洋葱，或者葡萄味儿的黑猪血香肠、干香肠或极品熏制的香肠一起，放入短颈大口瓶的砂锅烹制。当然，不能忘记还可以和乡野味十足的美味火腿馅饼一起烹制。

他们制作的所有美食都是长时间精心烹制而成，同时也对卫生条件有十分严苛的要求。他们的产品会销往全法各地，是法兰西猪肉食品的荣誉。

沙特尔引以为傲的馅饼

沙特尔的馅饼是一个让人引以为傲的创作，其制作初衷是为了向猎物表示敬意。格雷古瓦·德图尔说道，沙特尔人，惧怕战神阿提拉的到来，打算为他准备一个巨大的野兔馅饼以便平息其好战之心。是奥尔良公爵的厨师菲利普，将野兔馅饼制作的食谱公之于众。随后，在《1804 年的美食年历》一书中，格里莫德·德拉雷尼埃为野兔馅饼以及其最珍贵的食材创作了颂歌。这种珍贵食材便是小嘴鸻，这种鸟在博斯地区非常多。在当地的熟食店中，最出名的要属马塞尔邻居店，他家在 1885 年将野兔馅饼的菜谱体系化，并渐渐使用小山鹑来替代小嘴鸻，同时也会加入肥肝、小牛肉以及猪肉。现如今，制作工艺非常简单。在非狩猎时节，人们使用肉质更加细腻的肥鸭肝，将肥肝的美味发挥得淋漓尽致。表层酥脆的馅饼不仅包含瘦肉馅，还加入了科涅亚克葡萄酒的猪下水、瘦肉、盐、胡椒以及肉豆蔻。在大君主餐馆，加雷纳家族制作了沙特尔城最棒的美食，这儿还制作一种馅饼皮包裹的肉冻，并将其塑形成一个独角小圆桌状，慢慢成为一种习俗。

◎ 右图：位于沙特尔大君主餐馆的沙特尔馅饼。最早的沙特尔馅饼加入了在博斯捕获的猎物，有小嘴鸻、鹌鹑。这款美味的馅饼，是为了向沙特尔地区的野生禽类致敬，现在，也会加入鸭肉和肥肝，用馅饼皮包裹之后进行烹制，加入肉冻以提升口感。

精品肉和狩猎的国度

这个地区以下列家禽闻名：稀有的贝里黑鸡、鹌鹑，绰号叫小麦或者葡萄园；源于萨尔特地区优良品种的卢埃嫩鸡；都兰松鸡，其全身羽毛漆黑，体型肥硕健壮，是一种土鸡品种；还有索洛涅品种的小羊羔，在过去曾濒临灭绝。作为库尔－谢维尔尼地区农民的儿子，克莱西兄弟、巴特利克兄弟、迪迪埃兄弟，一直都在位于谢默里的富博尼埃农场工作，他们饲养了 220 头野生母羊，全年在野外放养。他们的野羊群能将卢瓦尔河岸的草地啃噬干净，能适应各种各样的植被，也可以吃水生植物，比如欧石楠。饲养母羊是为了生产小羔羊，这些母羊生产的小羔羊肉质不肥，颜色深，并且肉质非常细腻。另外，克莱西兄弟还在野外饲养骡鸭，生产焖肉冻、鸭肫、谢维尔尼葡萄酒熟肉酱、卡酥莱砂锅以及上等肥鸭肝。

同时，就我们所知，索洛涅地区是狩猎和野味的国度。这一地区草木茂密、神

◎ 索洛涅地区狩猎的传统是带上猎犬。莫里斯·日内瓦，1925年龚古尔奖获得者。他在作品《在拉波里奥》里介绍了偷猎者，偷猎者在丛林里过着自由的生活，但却无视社会法规。为了写这一部作品，日内瓦在位于索乐得合博弗隆之间的克鲁齐乌池塘的狩猎室里住了好几个月。

秘感十足，在荆棘丛和欧石楠丛中隐藏着许多半野生的野鸡，这是因为这一地区的狩猎量特别大，所以有意投放了一些养殖野鸡；当然，还有野兔、狍子、麋鹿、野猪。让－路易斯·切斯诺是拉模特－博弗隆地区有名的猪肉商，他的特色产品就是：烹饪一切从这片大面积猎区打回的猎物的菜肴。野鸡、野鸭、野猪、狍子、各种兔类，这些都能烹制美味的锅仔、干香肠、熟肉酱。好似对客人的嘉奖，武宗的猪肉香肠、夹心馅饼、猪血香肠、撒上面粉的猪脚以及油渣，这些都会让您流连忘返。

甜食

得益于卢瓦尔河以及周围富产的精品水果，卢瓦尔河地区的甜食都是由天然产物，加入黄油和盐，演变成糕点的——盖朗德的黄油是极富盛名的。还有南特的一种奶油方糕，渐渐变成了南特蛋糕、金稻草或小卢。还有图尔的牛轧糖，这是一种用甜馅饼、杏子果酱及杏仁烹制的旅行蛋糕。这里的甜食品种繁多且十分有名，比如图尔麦芽糖——图尔这个城市同时也生产夹心李子干；昂热的巧克力焦糖花生糖——这是一种杏仁、榛子焦糖花生糖，里面是蓝色巧克力夹心——这种花生糖是向当地人致敬。当然，不得不提一下奥尔良的科蒂尼亚甜品。它的名字来源于木瓜，这是一种内部较干的黄色水果，它的食用方法一般是糖渍食用或者制成果酱。在过

◎ 科蒂尼亚，是卢瓦尔河流域的一种甜品，它的名字来源于木瓜。这是一种内部较干的黄色水果，仔细去除其中的杂质，同时还需要加入砂糖和葡萄糖，以105℃的温度烹饪，然后才能将果汁倒入云杉木制的圆形箱内，并将果汁按照葡萄酒的方式进行贮藏。

去，有一个名叫圣托万的先生，他是侍奉国王路易十五的酿酒师以及巧克力甜点师，他一直致力于制作一款让人垂涎欲滴的美味甜食。

主教加朗德将科蒂尼亚的制作步骤告诉了他的侄子格里莫德·拉雷尼埃，他的侄子又将制作步骤变成了食谱。食谱的开篇是这样说的："使用最优质的木瓜，去除果核，只留下果皮，这是因为水果表皮上保留了最大程度的水果香气以及水果的独特味道。"于是，科蒂尼亚就变成了一道甜点，甚至成为一剂药方，医生常建议肠胃有问题的人食用。贝努瓦·古肖是圣埃地区的手工艺者，他榨取果汁并去除果肉，仔细去除其中的杂质，同时还要加入砂糖和葡萄糖，以105℃的温度烹饪，然后再将果汁倒入云杉木制的圆形箱内，并将果汁按照贮藏葡萄酒的方式进行贮藏。他每年要生产3万小盒。人们视这一产品为珍宝一般。但是仍有不少奥尔良或奥尔良地区的甜品商对这一产品表示担忧。

另外一个特产，就是蒙塔基的特产：杏仁糖。这种杏仁糖的发明，得益于普莱西斯·普拉斯林公爵的御用厨师克雷蒙·嘉吕卓，当他看到厨房的小学徒将装有烤

◎ 左图：未上烤炉之前的杏仁糖和烤过后的杏仁糖。它们的来源是哪里呢？克雷蒙·嘉吕卓，他是普莱西斯·普拉斯林公爵的御用厨师。当他看到厨房的小学徒将装有烤黄的杏仁的锅巴吃得一干二净时，他萌发了一个想法，那就是采用上等杏仁，耐心烹饪并在其外表附上焦糖。

◎ 下图：在蒙塔基博物馆商铺，杏仁糖被放置在银制餐盘中。这一特产是根据路易十八时期的食谱制作而成的。

黄的杏仁的锅巴吃得一干二净时，萌发了一个想法，那就是采用上等杏仁，耐心烹饪并在其外表附上焦糖。嘉吕卓出生于蒙塔基，并在这个城市退休，而如今住在他的杏仁糖连锁店里。店铺之后改名为罗伊甜食，然后又改为城堡甜食。莱昂·马捷在 1903 年收购了这家店铺。如今人们在国道 N7 上就能看见这家拥有镀金尖形拱顶的博物馆店铺。贝努瓦·第戎，莱昂·马捷的孙子，对最初的食谱没有做丝毫改动。精心筛选的杏仁被放置在烤架上，当然其中还要加入一些糖，这些糖在烹制的过程中自然变成了焦糖。那有什么新意吗？新意就在于加入了一点香草，于是杏仁糖便覆上了一层类似阿拉伯树胶的薄膜，这使得其外表更加耀眼夺目。杏仁糖被放置在黄色的盒子里，上面印有这家面对教堂的店铺的徽章。

当然，人们也会谈论起布尔日令人骄傲的弗莱斯糖果，这是由乔治·弗莱斯制作的。他是波旁内地区一位土生土长的甜点师、酿酒师，他发现糖果的种类虽然多样，却没有一种是带夹心的。于是，他便有了这个想法：在糖果内部加入美味的夹心，制作出了碎杏仁、碎坚果、碎巧克力夹心的杏仁糖，还制作出一种千层酒心杏仁糖。乔治·弗莱斯对自己的作品感到非常骄傲，于 1879 年申请专利并以自己的名字为其命名。他还将自己在布尔日的奥斯曼工坊专门改造，用来售卖这一作品：福莱特小屋。成果立竿见影。这家店铺的天花板是采用吉安彩釉，屋内精致美观，售卖员博学多才，一直都开在雅克中心城。除了弗莱斯糖果，这里还售卖巴旦杏仁塔（杏仁巧克力夹心花生糖）、栗子（杏仁奶油夹心的教堂栗子）、坚果（坚果杏仁夹心的花生糖）或者黎塞留（杏仁开心果奶油花生糖）。当然不能忘记这里的特色甜品：令人欢喜的各种口味杏仁馅饼，有橘子味、黑加仑味、樱桃味，还有椰果味。这些都令人垂涎三尺。

由塔维涅家族传承了四代的弗莱斯糖，依旧以其柔顺的甜味和丝绸般的光泽令人着迷。

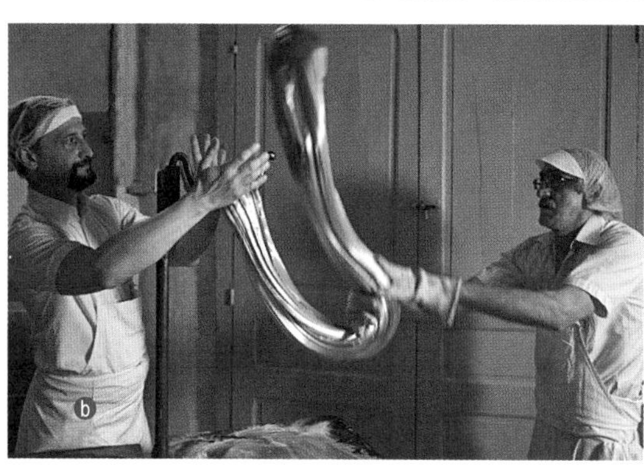

◎ a. 各种颜色不同口味的弗莱斯糖果。b. 弗莱斯糖果的制作过程：在用切割机将其变成糖果之前，工人拍打被晶糖包围的花生糖传送带以让其冷却。c. 布尔日的弗莱斯糖果被放置在精美的金属盒子中。

传奇的鞑靼挞

拉莫特·波弗隆为世人所熟知，不仅仅是因为他的鞑靼宾馆，也是因为他那传奇的鞑靼挞。鞑靼挞是一种历史错误造就的水果。斯蒂法妮和卡罗琳是鞑靼姐妹俩，她们经营着一家广受猎人喜爱的客栈。一天，在客栈进行狩猎开幕仪式时，她们中的一个人——据说斯蒂法妮比卡罗琳要冒失多了——将苹果放在模具里而忘记混合面饼，于是最后才将面饼加进去。这种反面朝外的挞便因此而来，这样的烹制手法在拉莫特－波弗隆一直流传至今，现在的手艺传承人是马提亚·卡耶。另外，在其他客栈：索洛诺特（位于索尔德尔河畔布里侬）、红鹧鸪（位于索洛尼地区苏维尼）、金狮（位于罗莫朗坦），或者美食之约（位于布拉西厄），这种鞑靼式的苹果挞，美味可口，一般会与一大碗鲜奶油搭配，有时也配上杏仁糖，如此便组成了狩猎聚餐的完美收尾。

卢瓦尔河的美丽菜圃

奥尔良的梨和樱桃，安茹的梨和苹果干，勒芒的香蕉，索洛涅的草莓（**葡萄种植者亨利的侄子，雅克·马里奥奈特在苏万格发明的**），贝里的扁豆，索洛涅的芦笋，卢瓦尔河谷周边石灰岩土地孕育出的白扁豆、双孢蘑菇，这些都是这一地区的特产。该地区的荣耀之一是一种蔬菜，它就是既新鲜可口又酸酸甜甜的南特野苣。16 世纪，皮埃尔·德·龙萨曾经吟唱“田地和牧场的小沙拉”。这种蔬菜生长在野外，在小麦田和大麦田的周围大量生长。两个世纪后，它开始进入菜圃。第二帝国统治时期，一家巴黎餐厅让野苣流传开来，是用它制作了一种名为维克托－埃马纽埃尔的沙拉，沙拉的颜色融合了意大利国旗的颜色：野苣、芹菜根以及红菜头。现如今，法国是欧洲第一大野苣产国，紧随其后的是德国和意大利。南特地区保证了全国 85% 的野苣产量，从 9 月到来年 4 月，总产量为 2.3 万吨，其中出口占总产量的三分之一。品质优异的南特野苣是野苣中的领头羊，这是因为南特野苣品种优良，品质有所保证。南特野苣经过两项认证：IGP 和 CCP。其中，IGP 是证明其无论种植还是采摘上都是在受保护的地域内进行的，即卢瓦尔河小港湾盆地；CCP 则是产品一致认证这里野苣的生产及储存过程都是将产品品质置于首位的。南特野苣是稀有土地上生长的水果——卢瓦尔河小港湾——传统的烹调手艺，保留了冬日沙拉的新鲜与原汁原味。

南特韭葱的收获时节是 5 月至 10 月，它是一种评价很高的时令蔬菜，种植在卢瓦尔河沿岸，这是一片由河水冲击形成的冲击地孕育出来的易于引流的肥沃土地。在南特周围 30 千米范围内，300 个生产商严格按照生产标准，根据韭葱白色部分的长度及其生长的均匀性来控制产品的品质。时鲜韭葱不仅细嫩、新鲜，其味道也很清淡。它要在完全成熟之前收获，这时候韭葱的表皮一半是白色一半是绿色，比冬季的韭葱要更细一些。它的纤维更密，不会很硬，质地更加黏稠。正因为柔软，所以需要快速烹饪。吉尔・德莫尔，是伯乐城门皇家达拉索的厨师，非常擅长轻烹饪，他精湛的厨艺让鲜脆韭葱的绿色部分更加完美。而让 – 夏尔・巴隆，是南特巴隆 – 拉菲尔之家的厨师，他对韭葱的爽口度、新鲜度赞誉有加。他冷静地说道："韭葱就像聪明厨师手中的芦笋。" 韭葱的细腻口味使其成为各种鱼类和白色肉类（白色肉类：牛肉、小牛肉、兔肉、鸡肉。——作者注）的最佳伴侣。

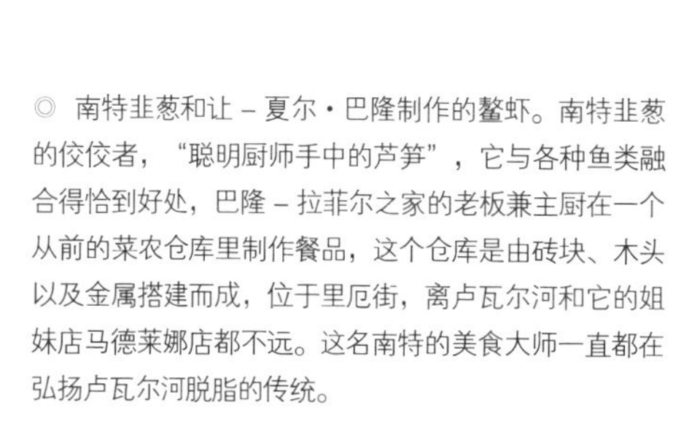

◎ 南特韭葱和让 – 夏尔・巴隆制作的螯虾。南特韭葱的佼佼者，"聪明厨师手中的芦笋"，它与各种鱼类融合得恰到好处，巴隆 – 拉菲尔之家的老板兼主厨在一个从前的菜农仓库里制作餐品，这个仓库是由砖块、木头以及金属搭建而成，位于里厄街，离卢瓦尔河和它的姐妹店马德莱娜店都不远。这名南特的美食大师一直都在弘扬卢瓦尔河脱脂的传统。

草莓油酥饼

由南特巴隆－拉菲尔之家的让－夏尔·巴隆制作

4 人份

油酥饼：120g 黄油、120g 砂糖、180g 面粉、12g 化学酵母、一片橙子和一片柠檬、一撮盐、64g 蛋黄

西普斯特奶油：250mL 牛奶、250mL 打发好的奶油、2 颗蛋黄、50g 砂糖、20g 面粉

1/4 波旁香草荚

装点：16 个上等草莓

油酥饼的制作过程：将黄油、砂糖混合，并将面粉和酵母掺和，盐与橙子片和柠檬片掺和。接下来进行擀面并摊平，切成 12 个小的油酥饼。放置在烤箱中，温度调至 160℃。

奶油的做法，是将牛奶与香草一起煮。将蛋黄与白糖一起打白，加入筛过的面粉，然后加入牛奶。用温火煮五分钟，并一直摇晃。当全部凉下来，加入打发好的奶油。

每个人有四颗草莓。洗净草莓后，将草莓一切两半。接下来就可以呈上你的甜点了：西普斯特奶油草莓油酥饼。

18

布列塔尼

他们有的不只是圆帽！

宽敞的公路沿着海岸蜿蜒前行，穿过布雷斯特海湾，蹚过伊鲁瓦兹海，通向莫莱纳岛和韦桑岛，最后没入地底，嵌入海口，这里是河口三角湾所在地。这片区域位于菲尼斯泰尔省西北部，处于欧洲最西端，也是一片十分宜居的区域……

◎ 左图：法国最精美、最新鲜、碘味最正宗的牡蛎来自伊冯·马岱克，这个名字就是高品质的代言词。阿伯－本努瓦，这个海洋魔术师优雅而娴熟地制作出美味的小虾、大龙虾。当然，还有美味、精致、新鲜、娇嫩的牡蛎。这些优质的海鲜蕴藏着海陆交替流动的所有能量，神奇极了！

最美味的海鲜

这里是牡蛎的王国。那么哪种牡蛎最出名呢？伊冯·马岱克算是高品质的代名词。在阿伯－本努瓦河边，可以品尝到这种有着独特口味的贵族品种牡蛎，它经过海盐的腌制，带着淡淡的海碘味。外形有点像我们爱吃的小零嘴坚果，噘着小嘴，好像在努力呼吸新鲜空气，薄薄的外壳，在流动而清澈的水中像是被用心呵护的婴儿，脆弱而不乏肉质。这些都是法国牡蛎独有的殊荣！夏天，伊冯会用木头桌子和靠近海边的阳台搭建一个“牡蛎餐厅”，人们可以在这里品尝最美味的食物，包括慕斯卡德的干白葡萄酒和伊扎德的黑面包。除此之外还有著名的贝隆牡蛎。“扁平，白色果肉，结实，肉味好：这是我们的牡蛎”，雅克·卡多热特声称这里的牡蛎堪称牡蛎之王。他的祖父弗朗索瓦让全世界认识了这片滋养着美味牡蛎的贝隆海域。他说：“这片海域有着世上最美的东西。”这也成了卡多热特家族的口号。经过漫长的成熟期和细心谨慎的养育，这里的牡蛎带给人们一种精致、美味、微妙的味觉体验。“我们不可能在别的地方找到比这更强烈的味觉体验了。”老雅克说道。这种味道得益于这里温和的气候，带着淡淡咸味的水流，灵动而细腻。“我们更靠近大海。”伊丽莎白·莫旺解释道。她在这条河流的岸边经营家族产业，已历经三代。她让人们品尝到了比其他店铺咸味更足的牡蛎，之前由于受包拉米虫病感染，牡蛎的味道比较淡，但又不同于源自日本牡蛎的凹陷蛎。

那么该地区最有名的鱼是哪种呢？很明显是狼鲈。“我们不捕捉它们，我们驱逐它们。”阿道夫·博塞说道。他的名声从霍延到欧迪耶讷都是响当当的。布列塔尼地区的这种食肉动物身长可达 80 厘米，体重可达 8 ~ 10 千克。它频繁往来于沙滩区和岩石区之间，喜欢食用沙丁鱼、凤尾鱼、贝类和甲壳动物。狼鲈长到 5 岁的时候就成熟了，全年都可以在布列塔尼水域生活，可用小的沿海捕鱼设备、中等鱼竿和捕鱼延绳捕捉这种鱼。人们守候在靠近阿摩尔滨海省、潘波镇、康瓦尔、屈伊伯龙镇、贝勒岛的一些地方捕猎它们。为了捕猎狼鲈，你需要在白天乘一艘小于 12 米的船出行，沿着崎岖的、杂乱不堪的海岸线追踪它们，但必须严格遵循捕猎标准。一顿美味的狼鲈宴，需将狼鲈切成片，在带盐的贝壳背部烤制，之后再配上白色奶油、蘑菇、土豆泥或朝鲜蓟。最后，来一杯新鲜的白葡萄酒，比如一杯密斯卡，一杯层次更丰富的勃艮第白葡萄酒，或者希依地区出产的品丽珠红葡萄酒。不得不提到的还有来自海洋深处的其他成千上万的海洋产物：蜘蛛蟹，黄道蟹，长鳍金枪鱼，鲱鱼，蛤蜊，藤壶，蛤，贻贝，大虾或明虾，龙虾（人们称这种龙虾为洛克蒂迪小姐，名字来源参考出产这种龙虾的海港名。——作者注），安康鱼，鲭鱼，经蒸煮而呈显红色的蓝龙虾，伊鲁瓦兹海龙虾，埃尔屈伊镇的圣雅克扇贝……从盖哈让中心的孵卵处迁徙到普卢盖尔诺的野生鲍鱼，或者维尔京群岛的野生狼鲈，都是极其罕见的，是布列塔尼标志性产品的重要组成部分。

那么沙丁鱼呢？

早在1950年，孔卡尔诺市和杜阿尔纳纳市就有30多个罐头食品厂，孔卡尔诺是布列塔尼最有名的港口。现如今，只剩下一家名为艾沃海鸥牌的沙丁鱼罐头厂。艾沃海鸥牌沙丁鱼罐头创办于1959年，自创办以来一直保持着独立生产。雅克于1991年接手的贡尼黛珂公司，已历三代。这个公司每年加工生产1000吨鱼，一直致力于出产最优质最新鲜的沙丁鱼罐头。这里有专业的女性手工作业者，她们细心地清洗鱼鳞，去头，清理内脏，用花生油炸一遍沙丁鱼，再放到锅里焖煮，然后盛到盒子里进行腌泡。也会将沙丁鱼浸泡在花生油或橄榄油里保存。除了制作沙丁鱼，贡尼黛珂家族还制作了鲭鱼脊肉罐头，是用香料和密斯卡白葡萄酒精心烹制而成的。还有白金枪鱼罐头，用水煮熟，剔除不好的地方，手工装盒，一份美味佳肴就这么做好了。在咸奶油吐司上加上一块鱼片，就可以享用了。

鲜嫩的猪肉和其他家禽美味

布列塔尼不只有海味，还有盖梅内的猪肉香肠，腌制的、切片的、烟熏的。在贝伊，人们还可以找到美味的炖猪肉，有名的布列塔尼肉酱，特别是蓬拉贝地区的爱娜芙店铺制作的肉酱，还有布列塔尼牛羊肚。圣米歇尔山湾美味的盐沼羊肉，带给布列塔尼人和诺曼底人超棒的味觉享受。此外，还有让泽的阉鸡和家禽，苏热阿的鹅肉，布列塔尼的猪肉。当然，还少不了雷恩鸡。

适合蔬菜生长的沃土

在位于菲尼斯泰尔省的莱昂市，生长着闻名全法的优质蔬菜：朝鲜蓟、胡萝卜、菜花、卷心菜、菊苣、青葱，更有由布列塔尼王子（**法国最大的有机蔬菜生产商**）生产的迷你蔬菜。该生产商在圣波德莱翁周围聚集了5000户种植户来看管并精心培育各个品种的蔬菜：白菜、胡萝卜、萝卜、甜菜、小西葫芦、西葫芦、甜椒、茄子、西红柿、葱和优质茴香。不可或缺的还有当地的花菇：圣波尔的香菇。罗斯科夫洋葱是该地区明星蔬菜中的一种。其色泽粉红、个头饱满、口感微甜、果香四溢，是17世纪被一位嘉布遣会修士从葡萄牙带来的。这位修士教会了罗斯科夫修道院周边的邻居种植这种洋葱。这种洋葱经烹饪后芳香四溢，生吃口感也极佳。1828年，一个叫亨利·奥利维耶的农夫有了将洋葱装船运往海峡对岸的英国贩售的想法。于是，一种风尚便兴起了。英国人酷爱这种微甜的洋葱，使得这一洋葱在那里供不应求。来自莱昂的商人将洋葱串成2～4千克的串，用木棒挂在肩膀上，挨家挨户上门贩售！离海不远，这种洋葱在位于圣波尔、罗斯科夫和桑特克之间，有着粉质和沙质土壤的地区同样产量丰富。

另一个拥有AOC标识的明星产品是潘波镇名

◎ 右图：a. 柠檬焦糖雷恩鸡配香菇是丹热地区的安东尼·柯维特赫的拿手菜。b. 在奥迪恩，一位渔民为了捕捉龙虾，在他的阁楼放置了柳条笼。c. 阿雷山脉是布列塔尼地区的最高峰。d. 瓦雷丽·冈万科，富埃南的苹果酒生产商，富埃南在菲尼斯泰尔省。e. 贡尼黛珂沙丁鱼罐头，是孔卡诺地区最后一家沙丁鱼罐头生产商。f. 康卡勒牡蛎口感细腻，鲜嫩，带点榛子味，咸咸的。g. 道赫兹岬角，是菲尼斯泰尔省的一个半岛。h. 阿贝桥一个戴着帽子的蓬拉贝人。i. 古老的康佩地区的甜煎饼。

a
b
c
d
SARDINES
de SAISON
SARDINES
e
f
g
h
i

叫可可的菜豆。这种菜豆是在 1928 年的某天，由一个潘波勒的水手从拉丁美洲带回来的。豆荚中的颗粒坚韧清脆，豆荚无需剥去：人们像给家禽褪毛一样给菜豆去毛，放进嘴里一嚼，便有一种板栗的味道。春种夏收，可可菜豆生长期短，与其他竞争对手比起来有一个巨大的优势：其水分凝存好，闭合紧密，口感多汁。这是一种十分有益健康的优质蔬菜，它富含丰富的维生素 B1、镁和钾。由于它的独特性和良好声誉，可可菜豆于 1998 年获得了 AOC 标识认证，是布列塔尼地区唯一获此殊荣的蔬菜品种。

◎ 盖朗德之盐：人们通过海水的自然蒸发来生产盐。海水在涨潮时被引入渠道，退潮后便可制盐。人们每天用木耙（盐场用的木刮板）把盐扒到一个称为拉杜尔的平台上。海盐表面最好的部分会被提取出来，单独采集：在细度和香味方面，可谓盐中精华。其高质量的烹饪效果和口感备受人们喜爱。

盖朗德之盐：白金

Gwen Ran：这个词在布列塔尼语中是白色地区的意思。盐场工人会以祖传的方法用刮铲搅动盐水。在14世纪，盐是很罕见的东西，被用来保存食物，尤其是鱼类。值得一提的是，那时居民是无需缴纳盐税的。隐居在盖朗德的安娜公爵夫人对盐贩的行为睁一只眼闭一只眼，并给予他们特权：一个家庭中的每个成员都可以免税运输100千克盐。人们利用海水的自然蒸发来生产盐。海水在涨潮时被引入渠道，待潮水退去后便可制盐。人们每天用木耙（盐场用的木刮板）把盐扒到一个平台上（这个平台被称为“拉杜尔”）。海盐表面最好的部分会被提取出来，单独收集：在细度和香味方面，它可谓是盐中精华。盐晶体位于最底部。为了收获中等产量的盐，每年需要有40天的时间来采盐，采集期在每年的6月到9月。

布列塔尼美食界的标志性人物

“布列塔尼感谢梅兰妮”。这个旗号不会出现在菲尼斯泰尔省的任何一个地方。尽管梅兰妮在她曾居住过的旅馆里拥有一块专属展示地，这个旅馆现在部分归旅游局使用。梅兰妮于1877年出生在贝隆河畔里耶克镇，在与路易·胡安结婚前，她一直在家族农场里工作。她于1904年开了一间杂货铺兼缝纫店，丧偶之后要独立抚养六个孩子。1922年，在菲尼斯泰尔省巡演的巴黎艺术家让杂货店老板娘为他们提供一顿午餐。这件事让她发现了自己的一项新才能：她是一位无与伦比的烹饪大师。在她新支持者的鼓励下，她开了一间餐馆，并接待了当时的一些大人物：文森特·奥里奥尔、勒内·科蒂、凯比·莫雷以及皮埃尔·弗莱斯内，他们都在她家享用过美食。莫里斯·爱德蒙，也就是被誉为“美食家王子”的科侬斯基，为梅兰妮建立起了声望。他于20世纪20年代发现了梅兰妮，1940年到1944年的战争时期，他都是在梅兰妮家度过的，于是他成了梅兰妮最有名、最忠实的房客以及永远的座上宾。是他使得梅兰妮成为厨师的典范。他还献给了梅兰妮女儿玛丽一首著名的四行诗：

> 用百合与玫瑰为其加冕，
> 为梅兰妮和玛丽所做的一切。
> 烹饪，
> 是所有食物都有其原有风味的时候。

在他巴黎的杂志《法国美食与美酒》专栏里，这位美食王子不停地对玛丽表达赞美之意，这位谦逊的布列塔尼人是位真正的烹饪大师，是龙虾和海鲜的神圣使徒，他会将幸福感传递给他同时代的人。

◎ 米歇尔·依扎荷，曾经的顶级大厨，现在是拉尼利镇上赫赫有名的面包师傅，拉尼利镇处在布列塔尼沿海三角湾的中心位置。她翻新了这里的住所，增加了一个茶室，这是整个屋子的心脏。人们纷纷在这儿排队购买普瓦兰风格的乡村圆面包，还有布列塔尼黄油烘饼、布列塔尼李子蛋糕和水果蛋糕。在美味面前，人们都不堪一击！面包店里的店员手中挥舞着的漂亮的乡村面包就像一面面旗帜。

在阳光明媚却经常刮大风的布列塔尼，还有一位美食明星：米歇尔·依扎荷。这位来自阿贝桥的布列塔尼人曾是银塔餐厅、迪沃纳城堡酒店和丹博·布枫餐厅的顶级大厨。转行做手工面包商之前，他曾获得过泰亭哲奖。米歇尔·依扎荷现在专门制作高品质的布列塔尼糕点，在她居住的拉尼利镇上名声赫赫。米歇尔·依扎荷翻新了她在拉尼利镇上的住所，增加了一个茶室，这是整个屋子的心脏地带。人们纷纷在这儿排队购买普瓦兰风格的乡村圆面包，还有布列塔尼黄油烘饼（让人回味无穷）、布列塔尼李子蛋糕、水果蛋糕和格勒诺布尔巧克力（与巧克力布朗尼相似）。

是时候介绍布列塔尼的代表性糕点黄油烘饼了。这种黄油烘饼的主要配料是糖和黄油（咸味黄油，这里的人喜爱这种口味），面团揉成厚厚的千层酥状，呈圆形，就像是一个布列塔尼帽子。黄油烘饼是1865年，一位斯克迪亚人在杜阿尔纳纳县

◎ 黄油烘饼：在坎佩尔的拉赫尼古拉糕点铺可以看到这些小黄油烘饼，小黄油烘饼引起了传统布列塔尼糕点销售的一次革命。1994年，乔治·拉赫尼古拉在他从南特到波尔多、从巴黎到孔卡尔诺的多个糕点店里推出了约15种不同口味的黄油烘饼，比如焦糖口味、苹果口味、樱桃口味和巧克力口味。体验到黄油烘饼入口的香甜，黄油的细腻，即使下地狱也心甘情愿了！

（菲尼斯泰尔省）发明的，后来这位面包师傅将制作黄油烘饼的秘方传给了他的继承人，之后黄油烘饼便风靡整个布列塔尼地区。在布列塔尼语里，kouign 是蛋糕的意思，而 amann 是黄油的意思。每个布列塔尼的糕点师傅都是在全心全意地制作美味的黄油烘饼，而每个烘饼爱好者对这种美味也是发自肺腑地喜爱。伊夫·卡荣在莫尔比昂省旁边的屈伊伯龙县，一家名叫黑吉代尔的店里工作，他推出了他的一个代表作，一种命名为黄油面包的糕点，从这个名字就可以看出这种糕点的主要组成部分就是黄油。每年这种糕点都会被授予最美味黄油饼的称谓。

黄油烘饼的制作非常简单，一个简单的覆盖了黄油的加厚面团就能带给人们多样而奇妙的味觉感受。许多主厨从布列塔尼移居到了巴黎，比如说十分有名的米其林大厨蒂埃里·布列塔尼，他所工作的这家米其林餐厅位于东火车站附近的贝勒玉茨街道上。这里的黄油烘饼是作为甜点热乎乎端上桌的，通常还会搭配其他甜品，比如加了苹果酒的冰糕。

◎ 保罗·雷诺，雷恩地区的明星家禽商，他创办的位于卢维涅的昂杰荷农场是优质母鸡的圣殿。雷恩母鸡源于一个古老的品种，长于野外，这里还培育有半野生卡奈特鸡、阉鸡、鸽子和鹌鹑。所有这些家禽都在雷恩中心市场的肉铺中出售。在这里，作为购物的额外奖励，您还可以欣赏到保罗·雷诺妻子迷人的微笑。

雷恩鸡

雷恩鸡是一种壮实的乡村土鸡，这种鸡以肉质紧实而著称，它源自一个早已灭绝而如今重现世间的古老品种。雷恩鸡优良特质的发掘，得益于哈梅博士于19世纪末举办的一次选拔赛。这个品种的鸡在1950年左右被一些快速长大的家禽所取代。到1988年，雷恩生态博物馆开始着力寻找这种珍稀的布列塔尼物种（还有让泽县的一个稀有母鸡品种）。之后，一些感兴趣的农民也效仿雷恩生态博物馆开始寻找并养殖这种鸡。他们让雷恩鸡自由地生长在野外，以掺杂75%谷物的饲料进行喂养，最后喂以奶制品，在变成餐桌上的美味前，它们至少要成长130天。至此，这种“咕咕鸡”重新受到了大家的欢迎。每年雷恩鸡的产量达24000只。雷恩鸡的整个培育过程都是纯天然进行的。保罗·雷诺是这个地区的明星家禽商，他创办的昂杰荷农场位于卢维涅德拜，这里是鸡群热闹的圣殿。昂杰荷农场的鸡也在雷恩大市场里出售。

布列塔尼李子蛋糕、花边蛋糕……不容错过的薄饼！

阿旺桥薄饼带来的甜蜜快乐是让人难以忘怀的，阿旺桥薄饼是用面粉、黄油和蜜糖烘焙而成的。这种美味的奇迹源于半盐黄油（这种黄油是封旺的工匠用新鲜牛奶提炼而成），正是这种加盐的黄油转化出了一种独特的味道。所有的布列塔尼人重新知晓了薄饼的制作传统。当地一家大薄饼店叫陶妈（Traou Mad在布列塔尼语里是好东西的意思），一家小薄饼店叫阿旺桥德丽丝（Délices）。在他们之间，有一些类似于讽刺小说《克劳斯麦赫拉》里面出现的律法上的争论，陶妈和阿旺桥德丽丝都位于小镇边缘的盖荷噶与埃尔地区，基本是一种面对面的邻居关系。以前人们都是手工切分薄饼，现在改由机器进行切分了。薄饼的烘制是在隧道窑里的木板或者传输带上进行的，人们用鸡蛋来装饰薄饼，上面还有浅浅的花纹，饼上都打有一个统一的标识：从不添加任何防腐剂。薄饼在好几个星期内都可以保持其优良品质。

布列塔尼酥饼在普通住宅里就可以制作，它与其他甜饼的不同之处就在于它独

这些由面粉、黄油和糖制成的著名的半咸黄油饼干，能让整个布列塔尼的甜食爱好者汇聚一堂。

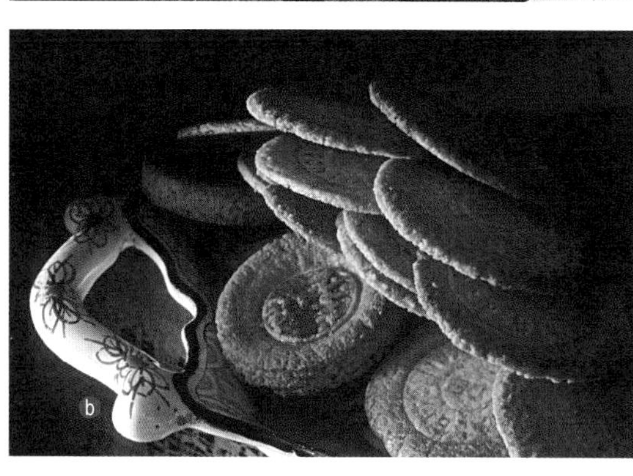

◎ a. 阿旺桥薄饼需放在烤箱中的烘焙板上烤制。b. 有名的阿旺桥薄饼。这种著名的半盐黄油薄饼吸引了布列塔尼地区所有的美食爱好者。c. 阿旺桥德丽丝薄饼在制作时会用一个铜制的滚筒在薄饼上压出美丽的图章。

◎ 美食爱好者在布列塔尼地区度过的四小时中就有一小时会在罗斯科夫镇的提·少荣薄饼餐馆（Ti Saozon）、阿尼克薄饼餐馆和阿兰·贡包薄饼餐馆中度过。这几家薄饼餐馆都是北菲尼斯泰尔省传统美食的支持者和维护者。

特的厚度，它的厚度为 14 毫米。用来制作这种糕点的面团十分酥软，因为选用的是软粒小麦磨制的面粉，用这种面粉揉制的面团都十分柔软且浓稠。比起薄饼，布列塔尼酥饼没有那么薄，它最上面是一层粉，里面是黄油和蜜糖的混合物，最后加入其他配料。自 1920 年起，陶妈饼屋就开始制作薄饼和酥饼，陶妈饼屋的老板是塔克荷先生和柔丝·百宏。阿旺桥德丽丝公司创立于 1952 年，属于阿旺家族。现如今，德丽丝公司从属于温塞斯拉斯·香瑟海勒公司，这是一家位于杜阿尔纳纳的沙丁鱼罐头公司。值得一提的还有距离小镇 20 多千米，一个名叫阿旺桥的店铺，让和雅克·贝洪在他们这个漂亮的中心店铺制作出售精美的薄饼。

像糖一样甜的水果

布列塔尼水果像上等果酱一样有一种凝固的美，它们是布列塔尼薄饼和可丽饼的好搭档。比如摩里克斑皮苹果、雷恩小灰甜瓜、雷东栗子，还有家喻户晓的普卢加斯泰草莓。普卢加斯泰草莓的发现者叫阿梅黛·弗郎索瓦·弗雷泽尔。他不仅是负责造舰工程的官员，还对农业实践活动十分感兴趣。他在智利的康塞普西翁发现了一种当地的草莓品种，并把这种草莓小心翼翼地带回了法国。自 1940 年起，人们开始在普卢加斯泰半岛上种植这种草莓，普卢加斯泰半岛正是以与智利沿海相似的海洋性气候闻名的。1940 年，普卢加斯泰镇的草莓产量已达到法国草莓总产量的四分之一。第二次世界大战后，由于科技发展落后，劳动力缺失，市场一度萧条。这样的萧条一直持续到了 1996 年才有所改观。而这种手工栽培的草莓仍是大家的心头所爱。

在布列塔尼地区，苹果无处不在，美味的康瓦尔苹果酒正是用这个地区的苹果酿制而成。康瓦尔苹果酒尝起来有一种发酸的苹果味。康瓦尔地区拥有农场苹果酒的 AOC 标识，这种拥有原产地控制标识的苹果酒装在一个漂亮的小瓶子中，瓶子上围着一条写着康瓦尔苹果酒字样的饰带。酿制这种苹果酒的苹果大部分种植在富埃南森林周边，在大区的南部，靠近连接坎佩尔和阿旺的班特公路。著名画家保尔·高更、埃米尔·贝尔纳和保尔·塞律西埃都曾在这里留下回忆。所有苹果的采摘都是手工进行的，之后再用机器研碎，但并不是暴力捣碎，压榨机压榨果肉，有时也采用古老的传统方式，之后再进行苹果汁的提炼工作，苹果酒的整个发酵过程都是纯天然的，装瓶后的苹果酒会慢慢浮出泡沫。由真正的苹果汁酿制的苹果酒，微甜，纯天然，略带苦味，低酒精度，有着成熟水果特有的味道。此外，商家还可以生产开胃苹果酒（用苹果白兰地和苹果汁添加混合而成）。朗比格酒或者布列塔尼白兰地也产于普卢加斯泰，而苹果烧酒则产于诺曼底大区。

西布雷兹龙虾配烤小牛头肉

巴特西亚·热夫瓦　卡朗泰克酒店　卡朗泰克

4 人份

4 只重量在 300 ～ 400g 的小龙虾（*最好是母虾*）；400g 白切小牛头肉，压实；4 个剁碎的小洋葱头；4 个成熟的优质西红柿，去皮，去籽；4 个蒜瓣，1 个韭葱葱白切成薄片，2 茶匙番茄酱，1 瓶干白葡萄酒，10mL 橄榄油，50g 黄油，10mL 新鲜奶油，1 茶匙咖喱，盐，胡椒粉，卡宴辣椒，一片橙皮

准备一口大热锅，先用橄榄油烹烤龙虾 1 ～ 2 分钟。熄火，盖上锅盖静候 30 秒，然后捞出龙虾。给龙虾去壳但不要弄破壳，同样的方法处理虾尾。再给虾钳去壳。把取出的虾肉放进容器中，并覆上薄膜。再把虾籽取出放进碗中。

用虾钳的壳捣碎虾壳里的肉。开小火，把黄油放入锅中，加入韭葱葱白、小洋葱碎、蒜瓣，盖上锅盖烹煮 4 ～ 5 分钟。加入虾壳、捣碎的西红柿、番茄酱、橙皮，一起煮 2 分钟。

倒入一些干白葡萄酒，大火煮 15 分钟。加咖喱粉、盐、胡椒粉、辣椒，每样适量。小火煮 5 分钟。用捣菜泥器把这些调料捣碎，再混合在一起。

把虾籽和新鲜奶油混合，再把它们放入做好的调味沙司中，用小火煮 4 ～ 5 分钟。重新搅拌后倒入漏勺过滤。最后核对一下调味料。

把小牛头肉切成一个个厚方块，在不粘锅里将小牛头肉方块的每一面都煎烤一下。加一点点调味沙司在虾肉里，重新煮一下虾肉。最后把龙虾和小牛头肉和谐地摆到餐盘上。

19

诺曼底

富饶的海岸线和郁郁葱葱的草地

诺曼底地区完美地诠释了美食法国这一称号：这里土地富饶，果园众多，海岸线蜿蜒曲折。这里有苹果酒、苹果烧酒，美味可口的奶酪，牡蛎、圣雅克扇贝以及各种鱼类，还有这里的蔬菜和水果——这儿的苹果是全法国最好的，以及猪肉香肠，还有各种下水。

◎ 左图：卢尔斯神父的酿酒厂，位于圣迪斯德利西厄，在其酿造车间，德弗里艾希家的三代人正为了产品的品质而争吵，他们传承着诺曼底的传统。从左到右分别是：纪尧姆、捷里和莱昂。以他们的姓命名的苹果、苹果酒和苹果烧酒完美诠释了奥日地区的水果，富饶以及慷慨。

肥沃土地，奶油种类丰富，奶制品繁多

诺曼底大区离巴黎很近，它与法兰西岛交界，其上方是皮卡第大区，维克桑丘陵也位于大区内，塞纳河蜿蜒而过，几乎荒芜的科唐坦半岛与布列塔尼大区相邻（“在那里，有整个欧洲最美的云彩，也有爱尔兰的云彩”，吉尔·佩诺经常如此说道。他住在位于圣玛丽杜蒙的卡朗唐），诺曼底大区处在海牙至约翰内斯堡的鼻尖上，当然，它也将圣米歇尔山囊括其中。“库埃农河把圣米歇尔山安置在诺曼底大区，真是不可理喻”，布列塔尼人吟唱道。他们为这么美丽的一座海中岛屿竟然属于他们的邻居而感到悲哀，圣米歇尔山的修道院直指天空，它的内院也是不可多得的美妙。库埃农河，有的时候是涓涓细流，分离开这两个大区，筑起了一道天然的屏障，将这两个大区的界限明确下来。那么，是不是说布列塔尼人相比而言更固执，诺曼底人更犹豫不决呢？这没有任何关系，说到底，这两个大区，虽然是竞争对手，但也是亲戚，它们盛产的产品都是非常优质的。人们热爱诺曼底，是因其肥沃的土地、丰富的奶油，以及繁多的奶制品，尤其是这里盛产很多黄油和奶油产品。伊西尼奶油是奶油中的极品，口味香甜、细腻，口感黏稠、醇香，这款奶油的奶源来自维耶港湾中心区域的奶牛。位于科唐坦半岛和贝赞之间，这里土地肥沃，适宜农业生产。这里有众多临海的悬崖峭壁，离卡昂平原不远。伊西尼圣妈妈黄油拥有原产地命名控制标识，湿润而新鲜的草地孕育出优质奶源，奶牛都是纯天然放养。从18世纪开始，它不仅出口至美洲、英国、比利时，还被出口至法国的殖民地。它的限定区域拥有大片地势低洼、可被洪水淹没的平原，有五条河流汇聚于此，覆盖周边193个市镇，其中有110个市镇在科唐坦半岛上（芒什省），83个市镇在贝赞地区（卡尔瓦省）。除了奶品的采集之外，奶品的制作与包装也都是在限定的地理区域内完成的。奶品的制作采用巴斯德灭菌法，这样能够消灭那些潜在的病原体，同时加入乳酸酵母，并将其控制在合适的温度中静置18小时。在这最后一步中，也就是其成熟期，它的香味才会慢慢形成。其质地均匀细腻，是甜品的最佳伴侣，也是顶级美食的最佳伴侣。

孕育着传奇奶酪的高原地

诺曼底大区丰富的奶制品首先就是奶酪，其中卡门贝尔奶酪是法国奶酪中的极品。据说，这款奶酪是18世纪末由一个名叫玛丽·哈勒尔的人制作的，她是诺曼底大区卡门贝尔镇的一名农民，卡门贝尔镇离奥恩省的维穆蒂耶尔镇很近。玛丽的后人有一次将这款散发着浓郁果香的厚实圆盘奶酪推荐给拿破仑三世，于是，拿破仑三世便建造了巴黎至格朗维勒的铁路。这便是卡门贝尔奶酪成功的开始。据说，在美国，有一位叫作约瑟夫·克尼利姆的医生在治疗病人时，习惯性地分享给病人这种源自奶牛乳汁、表壳呈花纹状的美味奶酪。玛丽·安娜·康坦，是巴黎香德马斯大街上的一名精炼工人，在她名为《奶酪爱好者指南》（阿尔班·米歇尔出版社出版）的书中，讲述了一个美丽的故事。在这本书中她高度赞扬了普莱西和乔尔制作的卡门贝尔奶酪：他们俩都遵循着传统做法，在塑形时使用长柄大勺，以及制作过程需要用青霉菌石斛来进行白色霉变，这样的制作工艺能够使其花纹状白色奶酪表皮更加诱人，又很巧妙地带了一点儿红色。

这一大区另外一个极富象征性的奶酪宝藏是：利瓦罗奶酪，它是诺曼底的骄傲。这种奶酪材质很松软，表皮经过清洗，诞生于17世纪的笛福河畔圣皮埃尔周边，这里离利瓦罗小城不远。制作这种奶酪，需要5升鲜牛奶，经历以下过程：掺入凝乳乳酸奶，凝结、切割、揉搓、制作、滗析、翻转、沥水、加盐、润刷，再将其周围放置五个长条（薹草），这也使得利瓦罗奶酪有了“上校”这个昵称。在奶酪还是生牛奶时，这些长条是绿色的，并由芦苇制成，而当其在工厂加工时则用橙色的纸。这款奶酪在1972年便获得了原产地命名控制标识，是奥日地区的象征。奶酪是由位于奥恩省和卡尔瓦多斯省边缘的三家乳制品工厂（位于布瓦塞的特里巴拉、利瓦罗的格兰多日和奥尔贝克的朗科多或拉克达利斯）和一个限定的农场区域（位于圣马丁德拉里厄的圣伊波利特）一起制作的，奶酪所采用的牛奶源自100多家农场，每年产量高达3000万吨。它味浓、新鲜，呈淡粉色，是一款极品夏日奶酪。“这一时节是牛奶产量最大的时候了。”玛丽·安娜·康坦强调，而关于这一话题她有滔滔不绝的话语。她提议将奶酪与烤苹果片搭配在一起品尝，这样可以将甜味与呛人的口感进行绝妙融合和提升。

诺曼底地区另外一款保留了纯天然品质的奶制品，要数蓬维克奶酪。它起源于距离卡昂不远的一家西多修道院，修道院自 12 世纪起便全心全意地制作这款奶酪。这款奶酪曾经被称为奥日洛奶酪或者昂日洛奶酪，在纪尧姆·德·洛里斯的《玫瑰小说》一书中，出现的就是这一名字。关于它的命名要追溯到 17 世纪，与邻近的利雪和多维尔两座小城有关。命名并不是参考奶酪的制作农场，而是参照售卖奶酪的市场。这款奶酪是正方形，重量和大小各不相同，以其美味的乳酸水果口味而被人喜爱。它口感柔软细腻，表皮是橙色的，非常漂亮。采用新鲜牛奶制作，加入凝乳素，沥水，在模具中翻转，接下来放置于柳条筛子上，使用干盐盐渍，成熟期至少要两个星期。1972 年这款奶酪便拥有原产地命名控制标识，制作地区是诺曼底的四个市镇和马延省。这款奶酪将大西部原汁原味的牧场草地的风味体现得淋漓尽致。

当然，这里还要提到奥日的方块奶酪，这款奶酪和之前提到的奶酪很相似，但要比前者更厚实一些；多维尔奶酪，与卡尔瓦多斯奶酪的成熟工艺是一样的；还有布雷中心的纳夏泰勒奶酪，这款奶酪奶油含量大，味道微咸，是布雷地区的骄傲。

◎ 右图：a. 奥日博蒙的艺术咖啡厅里随意摆放的面包。b. 卡门贝尔镇，位于奥恩省，是诺曼底最有名的一款奶酪的发源地。c. 刚刚从吕西安·阿瑟洛的熏制室出炉的维尔猪肉香肠。d. 阿尔贝·毕龙，来自波特尔德鲁瓦的康布勒梅尔名品葡萄酒，品质保证。e. 安娜玛丽·卡尔内罗的乡村肉酱，来自翁弗勒市的贵族咖啡馆。f. 圣菲利布特的香榭丽舍大道，出自蓬特·斯普图特的软奶酪。g. 多维尔沙滩上的折叠式帆布躺椅和遮阳伞。h. 在卡门贝尔，一种诺曼底品种奶牛。i. 弗朗索瓦·杜朗家的卡门贝尔奶酪，他家是卡门贝尔小镇上唯一的卡门贝尔奶酪生产商。

好的苹果才能产出高品质的苹果酒

在这里，苹果种类繁多，并且名字各不相同：安托瓦内特、美丽女孩、欧石楠、修女（诺曼底地

a

C 2
CAMEMBERT
b

c

d

e

Pont-l'Évêque
Fermier
fabriqué dans le Pays d'Auge
PONT-L'ÉVÊQUE FERMIER
DU PAYS D'AUGE
Fabriqué par
EARL SPRUYTTE
Jérôme et Françoise
FERME DU BOURG
SAINT-PHILBERT-DES-CHAMPS
AU LAIT CRU ENTIER
DE NOS VACHES NORMANDES
f

g

h

i

区的一种斑皮苹果)、格朗维尔的斑皮苹果等。诺曼底大区为其地域内丰富的苹果酒产品而感到骄傲。这里的每款苹果酒都能带给人一种最原始的味道，香味都来自于这一大区“自然生长”的苹果。劳斯苹果酒，来自奥日地区，是唯一拥有原产地命名控制标识的苹果酒。它的限定产区覆盖 248 个市镇，这些市镇位于卡尔瓦多斯省的东部，厄尔省的西部以及奥恩省的北部地区，这些“诺曼底之中的诺曼底”城市构成了奥日地区。这里有木筋墙筑起的美丽农场，也有肥沃富饶的土地，孕育着众多果园，每当春天到来，这里便花香四溢。以下只是列举其中的一部分，位于圣得谢尔的戴弗里艾希果园，位于布莱斯勒海滨布朗涅的大卫果园，位于维伊勒维孔特的道弗莱斯果园，这些果园都生产特级、特别干或者半干的“土生土长”的苹果酒，它将苹果的口味进行了提升，瓶口散发着茴香和椴花的香味，泡沫细腻。这款苹果酒至少用了 50 种苹果精制而成，其中有安托瓦内特、欧石楠、田野里的圣诞节、圣马丁、梅苔、红色巧莉、佛斯 - 瓦兰、香甜韦莱、弗雷甘，这些苹果的香味各异但又相辅相成。从利雪到康布雷梅，这条苹果酒之路是如此美丽，在围墙与低矮的小路之间，美食旅游者可以参观这些美丽的果园。

与苹果酒极为相似，梨酒是东弗隆苔的代表酒品，梨酒的生产地为安恩省、芒什省和马延省的 39 个市镇，这种酒来源于这里多种多样的梨，也叫“白色植物”。从苹果酒到苹果烧酒，这其中只有一步之遥，尤其在奥日地区。这一地区生产了诺曼底 25% 的苹果烧酒，并且拥有原产地命名控制标识。苹果烧酒的酿造需要在苹果酒酿造的基础上多一倍的蒸馏过程，需要对各种涩苹果或者甜涩苹果进行加工(在东弗隆苔也会加入三分之一的梨以及梨子酒)，是一种顶级烧酒。最开始苹果酒闻上去有点酸涩，或者像醋泡过的，经过一种叫唐坦的制作方法，口感会变得绵长而甘美，并带有一丝酸味，再加入蜂蜜、木头、果皮以及柑橘类：就是高端的“卡尔瓦斯苹果”所呈现出来的状态，虽然酿酒师拒绝人们将这款酒名字中代表性的酒精含义给去掉。其中有一些酒的名字是极富传奇意义的，比如在拉朗德圣莱热叫作加缪，在康布雷梅叫作于埃，在维克多蓬特福叫作都蓬，在位于东弗朗泰的芒蒂利叫作勒莫东。还有，在圣代希德利西厄叫作莱昂・德斯弗里谢的卢尔斯神父，在翁弗勒滨海哥纳维尔叫作德鲁兰的狮子心，在奥格地区勒布勒伊叫作比祖阿尔，在诺特雷 - 当德库尔松叫作勒孔特。但这些人们都会忘记。每一位苹果酒爱好者心中都有

优质的苹果造就优质的苹果酒——这是流传在卡昂、法莱斯平原和厄尔高地的苹果酒酿造师之中的座右铭，也正是他们将酸苹果的味道发挥到了极致。

◎ a. 苹果被储藏在荫凉处——报社地下的谷仓。地板上开了一个洞，这是为了方便将苹果放进去。b. 位于谢布尔的一家令人印象深刻的报社，由西蒙兄弟创建。c. 在布朗基莱沙托，弗朗索瓦·大卫正在制作手工苹果酒。对他而言，一款上等的苹果酒是一种百分百纯天然甘露，由好几种苹果制成：不管是瓶装还是放在酒杯里，这款特别的酒颜色都不可思议。

自己的“卡尔瓦斯”——可以是上等白兰地（存放 2 ~ 3 年）、贮藏酒（存放 4 ~ 7 年）、陈年老酒（存放 5 ~ 8 年），也可以是无年份酒（可能 12 年以上）。如何选择适合自己的酒类，这就需要一位专家了，比如菲利普·格里夫（也叫格里布伊）。他在翁弗勒老城区的森林人大街上，经营着一家装修精美的店铺，叫作格里布伊。菲利普·格里夫是苹果烧酒的忠实推崇者。他是不太出名的酒的行家（富尔纳维尔的勒普鲁、戈纳维尔城堡的桑松，以及位于拉夫雷斯奈埃费埃的莫里尼埃果园的于贝尔），在他位于上街区的精致店铺里，有 50 多种他收集的苹果烧酒。天花板上悬挂着很多厨用搅拌器，在它们的下方，就是许多漂亮的瓶子，还有这个地区一些大品牌的苹果烧酒。我们倾听着他的讲述，那就是他如何以一种专业人士的耐心制作苹果酒。热心的菲利普让我们品尝了几款陈年苹果酒，他饱含深情地谈到对于他而言十分珍贵的三大产区：奥日地区、利兹勒河谷以及东弗朗泰。这位出生在巴黎的诺曼底人，是这些产区的疯狂推崇者，他细数酸苹果的各种优点，滔滔不绝讲述着他的纯果汁苹果酒、手工果酱以及土家砂锅……还必须提到苹果开胃酒，它也是以苹果为原材料，在这个地区非常盛行：这种酒是从制作苹果酒的苹果汁中提取，再加入苹果烧酒，

◎ 位于翁弗勒圣西梅翁农场的茅草屋。这座 17 世纪的建筑物，是以前印象派画家的聚会场所，后来改造成了一家五星级餐厅及酒店。这里成为很多内行人的开心之所，他们可以品尝地域美食，赏析名家名画和风景秀丽的花园，氛围祥和，极具魅力。

度数为 16° ~ 18° 。这款诺曼底地区的苹果开胃酒就如同夏朗德地区的皮诺葡萄酒一样，都是当地的象征。

味觉的摇篮

人们炫耀着这一地区最美味的蔬菜：圣萨埃纳的大白菜，塞尔山谷的花椰菜，科镇地区的水芹菜，芒什的萝卜，卡朗唐的韭葱（亦称“巨人”，因为它特别大）。还有鲁昂和埃尔伯弗的韭葱。对了，还有古尔内的小紫萝卜。也正是因为濒临大海，这里的水产品种类丰富：各种鱼类，如狼鲈、菱鲆、小鲜鳕鱼、黄花鱼、火鱼，在费冈极受欢迎的鲱鱼、青鳕鱼、鲭鱼，这些鱼类我们都可以随意加入白葡萄酒放在砂锅中烹制。此外，还有牙鳕、环状鳐鱼、盐渍鳕鱼、绯鲤、黄盖蝶鱼、鳎鱼——在烹制这些鱼类时加入贻贝、黄油、白葡萄酒、洋葱、萝卜、青虾和蘑菇时，我们称这种烹调方式为诺曼底式。贝壳和甲壳类水产品的内容多到可以另起一章了：徒步走在被潮汐分隔开的沙滩上，或者坐在装备齐全的渔船里都可以得到这些产品，它们是蛾螺、蚶子、鲍鱼、扇贝或者文蛤，被悉心养殖在公园里，比如伊西尼、圣瓦阿斯拉乌格、布兰维尔或者库尔索勒的牡蛎；另外，它们还可以被养殖在海边贻贝养殖场里，比如科唐坦西海岸的贻贝；或者纯野生养殖，由贻贝养殖场打捞。贻贝成为著名的迪耶普大餐中的重要组成部分，里面还有帘蛤、鳎鱼、菱鲆、虾，当然还有圣雅克扇贝。

圣雅克扇贝因其扇贝肉质和贝壳被列为红色标签。它既是布列塔尼的，因为靠近埃尔居伊和圣布里厄克港湾，也是诺曼底的，海军对此非常自豪。塞纳河港湾（贝赞港口、格朗康）、索姆河港湾（迪耶普、费坎）和圣米歇尔山（格朗维尔）拥有非常丰富的海产品，在这些地方，捕捞期只在 10 月 1 日到来年 5 月 15 日之间，而且只能由那些具备大型捕捞工具的船只完成。这种贻贝肉质细腻，体型肥硕，富含碘，但是人们不一定会在其生长期就将其打捞上来；它之所以出名是因为它没有固定的烹制方式。可以生吃，可以腌制，也可以在其四周放上松露或者各类柑橘，这些会提升其肉质口味，也可以放在台面上做铁板烧，或者放在长柄平底锅中烹饪，加入

◎ 这是位于奥格皮埃菲特镇双桶客栈的一角视野，可以看到奥格的风光。这家客栈离多维尔小城不远。在这家客栈里，埃尔维·阿米亚非常高兴收到明信片，上面介绍了这里的美味砂锅、各种下水、猪血香肠、多古勒甜点，还有来自维克多蓬特福的都彭上等苹果酒。

蔬菜，放入烤箱烤制，放入蝾螈炉中，总之都能成为一道非常美味的菜肴，但是记得千万不能过度烹制。这种贻贝外壳坚硬，是大海的馈赠。

这一海域的钻石当属肖塞岛屿的螯虾。阿兰·帕萨尔，是居住在阿尔拜日的布列塔尼人；艾瑞克·布里法尔，是乔治五世的首席厨师，他们都非常喜爱螯虾，夸赞其细嫩和富含碘的肉质，这得益于群岛周围的冷水以及猛烈的大风。肖塞岛的螯虾是珍宝，也是稀奇之物。据说这些临近格朗维尔以及科唐坦海岸附近的小型岩礁和诺曼底岛屿筑成的天然屏障都为这些稀有的甲壳纲生物提供了保护。螯虾的捕捞使用柳条笼子，它们不会被放进鱼塘中，而是直接供应到那些售卖点或者餐饮点。这些螯虾生活得如何？它们很安静，没有任何压力，唯一的烦恼就是需要有富含维他命的高品质浮游生物。健康的螯虾，其肉质紧实，微微带些甜味，总体而言，肉质既不粗也不软。加入一小块咸黄油便是绝佳搭配，还可以放些稍微煮过的小马铃薯。洛斯螯虾？可能吧……

◎ 左图：圣瓦斯特胡格，位于科唐坦市的东北部，在这里的弗朗西斯艾莉餐馆，人们正在仔细筛选牡蛎。

◎ 下图：在多维尔城，一盘出自雅克米奥克之手的美味贻贝。他还经营着一家位于诺曼底海岸的世界级明星啤酒厂。可以与弗朗索瓦大卫的一款苔藓苹果酒一同享用，这款酒来自布朗基勒夏多。

极富盛名的克雷昂塞萝卜

自 19 世纪以来，克雷昂塞萝卜在科唐坦西海岸地区都是非常有名的。这种萝卜略带红色，因为生长在海边而富含丰富的碘。这种萝卜被种植在富含有机质的贫瘠土壤里，在比沙丘要低洼的地方或者浅滩上。在播种前的几个月，克雷昂塞萝卜会被施以厩肥或者各类海藻。生产者也会撒一些“英吉利海峡岸边的一种可做肥料的沙泥”（这种灰色的沙性土壤，富含丰富的石灰石，由细腻的河泥粒子以及贝壳碎片构成），以便留住沙子，使其更加牢固，这样才能应对暴风雨的侵袭。收获时间从 12 月开始到来年 4 月末结束，如果需要的话，全天都可收获。售卖它就像售卖一件珍宝一样，需要耐心细致地洗净和包装。每年 8 月份的第二个星期六，在克雷昂塞会举办一场“克雷昂塞萝卜节”盛会，庆祝萝卜的收获，一般会有 3 万人参加。

肉类爱好者的养殖天堂

在奥恩省、厄尔省，到处充满了乡土气息。当然了，卡勒瓦多斯省和芒什省也是如此，诺曼底是在炫耀它丰富多样的肉类产品。三十年来，莫塔涅每年都会举办一场名为“品尝猪血香肠”的盛典，以此来庆祝黑猪血香肠，这场盛典会颁发“猪血”这一猪肉食品的最佳制作者奖。它的制作工艺是将猪肉灌进肠衣当中，再加以润色，如果有需要的话可以加入洋葱、盐、胡椒和香料。剁碎的猪肉（类似克莱东香肠）、猪喉、切碎的洋葱、猪血，当然还有百里香、肉豆蔻碎末、肠衣、线以及漏斗。这些都是制作一件大师级猪肉食品必不可少的原材料——在英语中人们也称之为“黑色布丁”，在德语中称之为“血肠”。人们喜爱瑟堡的长猪血香肠、艾格勒的粗短香肠、科唐坦的烟熏火腿、鲁昂的鸭肉酱以及绵羊腿。另外，人们也非常喜爱维尔的猪肉香肠。

这些卡昂风味的猪下水是诺曼底猪肉食品的荣耀之一。最开始，它们是巴黎的一种特色食品，13 世纪由巴黎的一些熟食店推广开来，然后被诺曼底人夺去。16 世纪，

◎ 吕西安·阿瑟洛餐厅的维尔猪肉香肠，是极品中的极品。在将猪肉香肠细心固定住以后，就要开始去盐，接着使用山毛榉木进行熏制——也就是说，在将肉灌进肠衣时一定要小心细致。图为向诺曼底手工艺传统致敬的温馨画面。

一位名叫西多万·贝努瓦的卡昂修道士将它们的制作工艺广泛传播开来。1832年起，位于阿勒街区的法拉蒙之家，或者叫作小诺曼底人餐厅，便为巴黎人所熟知，这家餐厅将牛肚切块与牛脚一起烹制，再加入胡萝卜块、洋葱块、韭葱、大蒜、百里香以及桂花。大街上流动的猪肉商铺向家庭主妇和学生叫卖道：“下水物美价廉/请将盘子递给我们/当然还有钱/那么你们就可以得到下水/卡昂风味的下水。”1952年以来，名为黄金下水的盛会都会奖励冠军。克利斯朵夫·于从前住在滨海库尔瑟勒，而现在定居在卡昂的弗鲁瓦德大街，他是这一盛会的世界冠军，并且获得了美食专家的奖励。清洗干净的下水肉质细嫩，再加上一些调味汁，如此美妙。总而言之，就是猪肠与融入肉汁的蔬菜之间的一种动态平衡，这样一款廉价的食品却是美味大餐。

当然，人们津津乐道的还有当地饲养的特产：圣米歇尔山海边牧场的羔羊肉，诺曼底品种的奶牛和牛肉，兔子、鹅、科镇的鸽子，巴约的猪肉，古尔内的鸡肉。当然，还有鲁昂和杜克莱尔的鸭子，人们可以用这种鸭子烹制出著名的鲁昂风味鸭肉：细心地剔除鸭骨，加入动物的血以及肝脏，配上洋葱头和一瓶美味的红葡萄酒。这就是极富盛名的菜谱了。

维尔猪肉香肠

不管是在吕西安·阿瑟洛餐厅，还是在保罗·唐茹和菲利普·吕奥餐厅，出名的猪肉香肠手工艺人都会耐心细致地洗净猪肠然后切割，加入盐、胡椒和香料进行调味，再将其浸入盐水中。猪肉商的工作有哪些呢？将不同部位的猪肉放到一起，然后装进一小节猪大肠中，最后需要用山毛榉木料进行两个月的烟熏。维尔猪肉香肠从竹竿上取下后，需要系线，然后在冷水中脱去盐分，再晾干，最后拆线。这样便可以食用了。如果做冷盘的话，它可以切成小块再洒上胡椒粉凉拌着吃；如果作为主餐，最好是用葡萄酒奶油汤加热，再加入酸醋调味汁苹果或者油炸苹果、奶油、酸模，可以因人而异。这款广受欢迎的艺术美食作品名副其实：因为它不硬不软，刚刚好，甜度也适中，当然还有恰到好处的佐料。

费坎的廊酒

在费坎有两个珍宝：特立尼达的修道院教堂，教堂塔尖高耸，里面存放着珍贵血液的圣物；另外一个便是庄严的廊酒宫殿了。诺曼底式的风格正好与哥特式、文艺复兴式以及巴洛克式的豪华花园宅邸形成鲜明对比。

这座名酒宫殿的创意来自20世纪末维尔利特勒杜克的一名学生，宫殿仅仅是这个学生的一次旅行之所而已。每年会有14万游客到这里参观，游客量位列全法第二。这座宫殿是应亚历山大·勒格朗的要求建造，由建筑师卡米尔·阿尔贝于1895年完工的，如今是一座博物馆，主要售卖甜烧酒，而在那时，这里是大人物的豪华花园宅邸。亚历山大·勒格朗想要一座真正的城堡来陈列他那些富有吉祥意义的物品。这里的天窗参考了阿泽莱里多皇家府邸的样式，檐壁和香波堡类似，客厅为木质骨架构造，文艺复兴式螺旋楼型，哥特式尖顶，这些都在诉说着这款神圣酒品的故事。勒格朗，非常热衷于中世纪的艺术，且是极富盛名的收藏家，非常想找

◎ 左图：一杯加冰廊酒：当晚餐结束的时候，我们会不会想起这些有助消化功能的酒呢？融合了27种药材，因而这款酒有缓释功能。

◎ 右图：费坎的廊酒：在酿制结束时打开整流器就感觉像有学识的炼丹术士的工作一样。这就很好地证明了，尽管制作方式现代化，严格按照欧洲技术标准，人们还是很有心地保留了从前一些美好的东西。

到一款由多姆·伯纳多·文切利1510年酿制的酒。多姆·伯纳多·文切利是费坎的一名修道士，这位修道士在科镇悬崖采集植物时突然萌发了一个想法，将当地的植物（*蜜蜂花属植物、当归、海索草*）和远方的香料融合在一起。受此启发，1863年亚历山大·勒格朗推出了这款廊酒。

廊酒配方包括27种稀有草药，费坎新一代蒸馏人员揭秘了这些美味配方的名字:杜松的浆果、松树的芽、柠檬皮、蒿类植物的花、豆蔻的种子、桂皮杆、芦荟脂、芫荽种子、豆蔻和肉豆蔻的核、山金车的花、香草的荚果、杏仁、三叶草的蜜、黄

葵子、当归的根和子、纤叶蕨类的花、藏红花、百里香、没药脂、蜂蜜花杆、茶叶。

这款利口酒尽管在外包上进行了翻新，内在的配方却依然如故。酒瓶由其经典的绿色换成了漂亮的琥珀色。配料依旧是四味一组浸泡或者蒸馏，陈酿留香，最后再灌装。既促消化又美味可口，还散发着迷人的香味，费坎的廊酒总是让人心驰神往。

童年的甜食

诺曼底的美味无糖不欢，尤其是当地果农把它用在水果身上：鲁昂的苹果糖、苹果酱，甚至果冻、诺曼底苹果挞……除此之外，这里还有伊西尼牛奶焦糖，以及虽不出名却极为精致的糕点：布尔丹蛋糕、布德罗蛋糕、炭火蛋糕、茴香煎饼、芦笛饼、香梨饼，还有甜牛奶米糕，它是在做好的米布丁中加入煮熟的米和牛奶，再用桂皮调味而成的。童年的欢乐成就了这款冬日的美味。

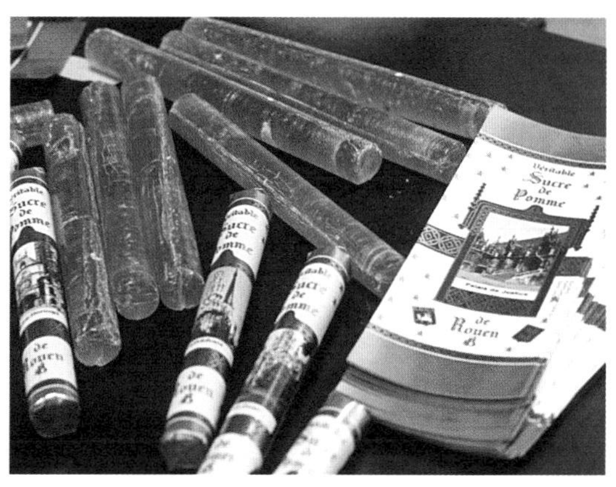

◎ 鲁昂苹果糖。这种诺曼底糖果，与麦芽糖相似，一般是手工制作，悉心包装。别忘了，诺曼底的甜食有苹果酱、果冻、伊西尼焦糖、茴香煎饼、鲁昂或者蓬奥代梅的芦笛饼，当然还有甜牛奶米糕。如此多的童年美味。

诺曼底鳎鱼

1 人份

1 份鳎鱼排，400mL 干白葡萄酒，1 份调味香料，2 根丁香，1 个洋葱，香芹，1 个柠檬榨汁，黄油，面粉，2 个蛋黄

配菜：贻贝、虾、蘑菇

清洗鳎鱼排。

取一半干白葡萄酒，加入调味香料、丁香、洋葱、香芹，一起煮。香味入酒后，滤出调料。

将鱼排摆在可进烤箱的盘子里，撒上盐和胡椒，淋上柠檬汁。倒入过滤后的干白葡萄酒浸泡，并撒上榛子大小的黄油块。

将鱼排放入烤箱烤一刻钟左右。

用黄油、面粉、干白葡萄酒配制酱汁，用蛋黄勾芡。

鱼排在盘子中摆放好，配上奶油炖的贻贝、虾、蘑菇，最后浇上刚刚做的酱汁。

20

法兰西岛

美食在巴黎

弗朗索瓦 · 维隆 (François Villon) 的这句话是有道理的。这句谚语告诉我们，在美食方面，外省人来到巴黎之后，将他们家乡最好的肉、最精致的奶酪、最新鲜的蔬菜、最鲜美的海产品和最让人陶醉的葡萄酒也带到了巴黎。

◎ 左图：巴黎巴扎尔餐馆里面的服务员。黑色背心、蝴蝶领结和白色围裙，再加上管家般贴心专业的服务：这些都是巴黎餐馆地地道道的传统。巴黎餐馆的专业化，尤其是索邦地区特色的室内装饰，更是让人沉浸其中流连忘返。当然，拉丁区的大学老师和学生是这里的常客。

危险的杰作

米莉森林的胡椒味薄荷、莫城的芥末酱、拉尼的醋、布里的苹果酒、普瓦西的坚果、阿让特伊的芦笋、蒙特莫朗西和维勒努耶的小樱桃、多美丽的白葡萄、梅里城的水芹菜、阿勒巴容的四季豆、艾堂浦的小粒菜豆、蒙特勒伊的桃子、蒙特玛尼的齿状叶蔬菜、加洛斯拉伊的梨、尚布鲁斯的甜李子、伊夫特河畔维勒邦的大黄，还有藏红花、兔子肉、柔软的库洛米埃干酪、枫丹白露的奶油、卡迪奈的蜂蜜，更不能少了产自胡丹的头部羽毛茂盛、鸡冠硕大的品种鸡：大巴黎的这些丰富的物产完整地勾勒出危险的杰作的轮廓。在这些丰富物产的起源地，我们嗅到了他们从生产环节就精挑细选的痕迹。雅尼克·亚兰诺 (Yannick Alléno), 来自洛泽尔省的巴黎大厨师，在巴黎开了两家有名的小餐馆，取名“巴黎土壤”，不仅是在向被带到巴黎的这些丰富食材致敬，同时也赞美了巴黎美妙的猪肉制品：清汤巴黎白火腿、猪头肉、脆皮肉饼、庞丹馅饼，还发明了美味的热牛肉配巴黎长棍面包。巴黎长棍面包以牛头为标志，如同灌香肠和船锚一样挂着展示，再搭配美味的格里比什蛋黄酱（一种混合了芥末醋、蛋黄酱、刺山柑花蕾、醋渍小黄瓜、香料和橄榄油的调味酱）食用。巴黎丰富的物产不只属于生长于巴黎的美食家，更属于所有在小餐馆、小酒馆柔软的长椅上，在天花板精致的雕纹下，在闪着红色光亮的铜饰边上，在酒柜旁细细品味这些珍品的人们。

各地区的十字路口

无论是索沃斯、夏罗尔、诺曼底、利穆赞和阿基坦的牛肉，朗德、布莱斯和沙朗的鸡肉，卢瓦河谷最好的山羊奶酪，诺曼底精炼的卡门贝干酪，松散的康塔勒干酪，还是深受太阳王路易十四喜欢的有淡淡榛子味的圣内塔尔奶酪，都能够在本地有名的肉店和奶酪店里找到，比如德努瓦耶猪肉店、比索奈猪肉店，康坦、四伟人或者巴特雷米奶酪店。

同样，布列塔尼的青鳌虾、利勒迪厄的金枪鱼、圣吉夸德维的鳎鱼都能在首都

◎ 巴尔扎克风格的糖果小店“献予家族母亲”，始建于 1761 年。

的各大海鲜市场找到，比如多姆街上的让皮埃尔洛佩斯店。各地的食材都在首都找到了其立足之处，比如在顶级美食代理店馥颂店里；糖果、埃克斯的杏仁蛋糕、南希的柠檬香糖、纳韦尔的尼格斯焦糖也都陈列在传统甜点店里。其中不得不提的是“献予家族母亲”糖果店，它是巴黎 18 区最漂亮的糖果店，店面庄严而别致，宛如珍珠般装点着福布格－蒙马特大街。

优秀的种菜人都在哪里

虽然产自各地的商品琳琅满目，品种丰富，种类齐全，但巴黎人知道首先要把产自巴黎这片肥沃土地上的新鲜蔬菜和水果推销出去。

巴黎地区集市上的名人乔尔·蒂埃博尔，以不同的方式种植的日本芝麻菜、金球萝卜、淡紫色胡萝卜均大获成功。来自传统农业种植世家的乔尔·蒂埃博尔并不满足于继承家族传统，而是进一步研究蔬菜的新变种，增加产品的多样性。他推广种植了多种蔬菜,比如卷心菜、西红柿、小西葫芦、菜椒、朝鲜蓟、家庭种植土豆、蜂蜜花、香菜和月桂。在他这里，只有蒜是外来的。他的名言是：没有任何一种蔬菜和别的蔬菜是相似的。换句话说，他的产品都是独一无二的。作为种植领域少有的专家，乔尔·蒂埃博尔可谓日常生活的魔法师。他证明了法兰西岛不仅仅是巴黎的大花园，同样也能够种植在其他地方成功种植的农作物。

另外一位不得不提到的名人是日本人山下朝史，人送外号：菜地里的高级裁缝。在伊夫林省的夏贝村，他专门为高级餐厅种植高品质的蔬菜：外辣内甜的球萝卜、多汁的西红柿、西瓜、红胡萝卜……尽是些美味佳肴。然而，巴黎并不只是精英菜农的私人花园，在这里我们同样能找到适合大众的高品质各色蔬菜。阿让特伊的芦笋，传统上由两个品种构成：早熟的粉色芦笋和晚熟的紫色芦笋。在今天的瓦兹河谷,仍然有不少喜爱它的人在种植。比如瓦兹河畔纳维尔的博里艾一家，他们用肥料营养来培育土地，然后在上面种植白色的略带粉色的芦笋。旁边还种植着蓬图瓦兹的卷心菜，这是米兰灰绿卷心菜的变种，叶子微卷而柔软。再让我们夸耀一下巴黎蘑菇吧,它还有一个昵称,叫“胖巴黎”，盛产于卢瓦河谷地区的沙质土壤上。用它再配上一点橄榄油来制作沙拉，味道美极了。在瓦兹河谷，和靠近普瓦西采石场的塞纳河谷都能找到这种蘑

◎ 右图：a. 香榭丽舍大道上最佳工艺师（MOF）吉尔·维罗，手里捧着巴黎地区的火腿。b. 韦尔努耶的樱桃树。c. 维罗尼克·莫莱克，正在她位于19区的面包房里用烧木头的烤箱制作面包和长棍。d. 保罗·贝特小餐馆里的甜点车轮泡芙。e. 乔治餐馆里的菜单。f. 巴黎土壤餐馆里，雅尼克·亚兰诺拿手的洋葱干酪丝面包汤。g. 桑林思的斯蒂芬·卢餐馆里养殖的蜗牛。h. 瓦兹河畔纳维尔的博里艾餐馆里，粉红色的法兰西岛甜萝卜。i. 雅尼克·亚兰诺和他手里的一小捆水芹菜。

a
b
c
d
« Le jeu du mail »
chez georges
depuis 1964
ail 75002 Paris (Près la Place des Victoires) tel. 01 42 60 07 11
Suggestion du Jour à l'Ardoise
e
f
g
h
Yannick Alléno
i

◎ 上图：瓦兹河畔纳维尔的罗兰·博里艾站在肥沃的菜地里。他抱的木条筐里满装了芦笋，它曾一度成为巴黎最有名的蔬菜之一，如今几近被遗忘。

◎ 左图：塞纳河边优秀的种菜人乔尔·蒂埃博尔，以及他在 16 区威尔逊总统大街市场和格罗斯大街市场的新鲜蔬菜。他家出售的有“金球”甜萝卜、紫红色胡萝卜、芹菜、芝麻菜、日本芜菁和其他的美味蔬菜。他是法兰西岛上传统蔬菜的守护者。

菇。这种蘑菇被种植在废弃的地域，比如盛品利，它被加工成了独具圣杜恩洛莫纳手工特色的佳肴。

比“胖巴黎”更有名也更物美价廉的，是梅勒维尔的水芹菜，它也是埃松省的骄傲。实际上，这里是全法最早种植水芹菜的地方，占全法产量的 40%（每年大约生产 700 万捆）。生长在瑞讷河边池塘中的水芹菜每年都会在梅勒维尔一年一度的复活节周末市场上大放异彩，并成为其中的佼佼者。有着“身体健康神器”之称的水芹菜被普林尼和希波克拉底称为健康蔬菜抑或春药，它富含多种维生素和微量元素。自 19 世纪从德国引进以来，它的种植方法几乎没有发生任何变化。作为一种高品质的味觉农作物，它采用的是一种尊重自然的种植方法，添加剂和防腐剂对它来说都是明确禁止的。

水芹菜的新鲜及其酸酸的味道有助于消化健胃、净化肠道、促进再吸收，对坏血病、贫血、高血糖也有预防作用。水芹菜可以做成沙拉生吃，也可以像菠菜那样切碎炒熟再吃（出于对圣雅克的敬重，雅克·马尼埃和吕西安·瓦内尔以他们的名字命名了菜谱），或者做成浓汤。无论怎样，它都是让人为之一振的美味。

◎ 1698 年，一位拥有几座一览无限风光的果丘的民宿主人，苏珊娜，将白兰地和杏仁果核混合在一起蒸馏制酒，调制出了一款消化蒸馏酒，她用这座城市的名字“普瓦西”命名这款酒。普瓦西果仁利口酒，散发着杏仁和甜橙的香味，使人联想到乡间的衣橱，是一款美味的消化酒，被用作很多鸡尾酒的底酒，或者用来给一些甜点调味。图中的照片拍摄于曾给圣路易洗礼的普瓦西学院前。

神秘的普瓦西果仁利口酒

普瓦西？人们首先想到的是尚布尔希的果农，接着就是这里以他们种植的水果命名的利口酒。1698 年，一位拥有几座一览无限风光的果丘的民宿主人，苏珊娜，将白兰地和杏仁果核混合在一起蒸馏制酒，调制出了一款餐后消化蒸馏酒，她用这座城市的名字“普瓦西”命名这款酒。还有一个故事，在一个早期的雕刻记录上，这款神秘的利口酒被归功于当地的一名僧人。1906 年，两位利口酒大师，杜蒙先生和杜瓦尔先生，相互分享了这款酒的制作秘诀，并在此基础上加以发扬。1955 年，这场相互间的竞争中断了：保罗 · 杜蒙先生将他的公司转让给了路易 · 杜瓦尔先生。最终，是杜瓦尔先生的两个儿子——贝尔纳和吉尔，开发出了今天我们喝到的这种普瓦西果仁利口酒，并将这种传统制法传承至今。如今这款酒已有了不同的品种，但制作酒的原料从未变过。首先需要将杏仁果核在白兰地中浸泡三到四天，然后进行蒸馏，冷却后再向其中加入香味植物精华、水、糖汁和纯酒精汁。这款酒经这些制作步骤后，颜色透明，酒精含量 40° ，又被称为“圣路易的印章”。另外，这款手工制作的酒散发出一股橙皮香味，能让人联想到有着同样香味的君度酒。

不同种类的瑰宝

在尚布尔希，桃子、李子、苹果和美味的沙拉是守护玛尼艾果园的主人。坐落在它旁边的是被列为自然公园的谢夫勒斯山谷，山谷中满是奶油状的蜂蜜、绵羊面粉、优质小麦，还有蜗牛——在桑里斯附近。斯蒂芬·卢，在莱瑟萨尔特公路上的法农农场里饲养了一种“大灰蜗牛”，这种蜗牛在封闭的房间里出生，却在野外吃着花园里的草长大。

在美食方面，莫城芥末算是产于当地的杰作。它是一种老式的芥末，将芥菜饱满的种子用紧密的磨石完全碾碎而成，是拉尼市波马利家的发现。芥菜棕色的种子（*Sinapis juncea*）、白色的种子（*Sinapis alba*）和黑色的种子（*Brassica nigra*）都来自加拿大。1292 年，波马利家在巴黎开店后一直忠于莫城芥末最早的制作传统（共 10 种）：将芥子的种子巧妙地分拣和混合，放在一起，稍微压碎，加入肉汁、水、醋和香料。这种芥末的与众不同从其外表便能窥知：精美的砂岩壶，密封精良，防止蒸发，蜡封，品牌名气响亮，出口达到 85%。

各种各样的猪肉制品也是巴黎小酒馆里的财富，优秀的制作者完全可以因此而自夸。香榭丽舍大道上拥有 MOF 称号的吉尔·维罗，是杰出的手工艺人之一，包揽了各项猪肉制品相关比赛的奖牌，这些猪肉制品有水晶肴肉、酥皮肉饼、猪血肠、白香肠，还有特鲁瓦风味辣熏猪肉肠。他的光辉事迹之一当然是他做的巴黎火腿：将猪腿去骨，腌制，放在长方形的模子里，浸在用杜松、香菜、丁香调味的汤汁中煮熟。不愧为最杰出的肉类制作艺术之一。

精美的奶酪与神圣的面包

像法国其他任何地方一样，这里的奶酪也是无与伦比的。我们从豪华的莫城布里奶酪说起，要说它不仅口感轻柔，富含奶油，并且柔软，入口即化，一点儿都不为过。德塔列朗称它为“奶酪之王”，将它比作维也纳国会上的君王，既是法国外交官又是美食家的梅特涅，将它称作“甜点之首”。布里奶酪出生于中世纪莫城附近的茹

货真价实的危险杰作，从17 世纪起就坐落在蒙特勒伊的桃子墙，在圣安东尼街区随处可见，被称为“桃子墙”。

◎ a. 距离巴黎两步之遥，菲利普·舒勒，蒙特勒伊的地方园艺协会会长，他正在自豪地展示着当地的桃子。b. 这是法兰西岛土壤肥沃，富产水果的证据。c. 杏子、莎斯拉葡萄、樱桃也是这里的财富。

◎ 库洛米埃干酪的成熟。这种布里奶酪之王，用上好的生牛奶制作，带着一股好闻的农场的味道。在图中，我们看到酪体上印着一块块小方格。在奶酪成熟期间，它们被一层霉菌覆盖，品尝前一定要将其去掉。

阿尔圣母修道院，自 1980 年以来，一直享有 AOC 标识。布里奶酪是花皮软质牛奶奶酪，产自法国东部从布里平原到默兹的区域。人们钟爱的是它的柔软、浓郁的坚果香味，以及它与松露完美的融合。它和香槟、热吐司、烤面包、香草的香味一起，组成了当地理想的美味伴侣。布里奶酪的制作，首先是用 25 升生牛奶制成一个 3.5 千克的美丽酪体，在发酵罐中发酵，然后放入凝乳盆中凝结大约一小时。用切片器切块，然后利用撇渣器将连续的切片一一手工铸成型，将其在芦苇垫上沥干，脱模，再用干盐腌制，使其在 12℃的房间中成熟。布里奶酪需要 6 ～ 8 周才能达到完全成熟。最终完成是在其完全成熟且酪体柔软之时，这时它的色泽鲜亮，芳味宜人。这样一块独一无二的优质奶酪，才能完美地接待一大桌的朋友。

◎ 让 – 皮埃尔 · 科伊，是巴黎 17 区的面包师，也是著名的朗姆巴巴专家，2006 年荣获了巴黎最佳面包师一等奖。那一年，根据传统，他光荣地成为爱丽舍宫的供应商。每年，这一称号都将重新评定。

它的近亲默伦布里奶酪同样能让人眼前一亮，也是自 1980 年以来一直享有 AOC 标识，是布里奶酪家族中朴素的一员。这种花皮软质牛奶奶酪，平均重量为 1.5 千克，直径为 27 厘米，被认为是所有布里奶酪的祖先。比起它的莫城表亲，默伦布里奶酪体型更小，味道更浓郁，香味更胜。它一般在农场或小型工业乳品厂生产，需要更长的生产时间。生牛奶需要先在大桶中发酵 20 个小时，然后在大盆中静置 18 个小时，再在 33℃的温度下凝结，切割，模制 4 个小时以排出乳清，随后在 24℃的温度下静置 6 个小时，最后将温度降到 19℃。第二天，将奶酪脱模并腌制，它还需在盐腌室里腌制两天。最后，将其置于 12℃的温度下，静候 3 个星期，便能等来它的成熟点。默伦布里奶酪也有“老布里奶酪”或者“黑纹布里奶酪”这些不

◎ 一位巴黎面包师在面包烘焙坊制作长棍面包。完美制作长棍面包，需要将面包外壳烤至酥脆，内里依然雪白绵软，尽量少用手揉捏，进行长时间发酵，还需要纯的面粉去做。

同的品种。它是一种更为干燥，颜色发棕或者更深，带有稻草香味的奶酪。它的味道只适合奶酪发烧友。

不能忘记的还有库洛米埃奶酪——布里奶酪的大哥哥，它是软质牛奶奶酪，匀质、柔软而内里不流动，奶酪表皮呈花质或者白皮，布满条纹，或者红色、棕色的斑点，甚至葡萄酒渣滓。三到四周的成熟期就足以让它外皮柔酥，又满是高品质的奶香了。

所有这些精致的奶酪，如塞纳－马恩省的富爵奶酪、南吉斯的布里奶酪或者蒙特罗的布里奶酪，都是在稻草上呈现，如面包中的法式长棍面包一样，毫无疑问是巴黎美食的象征。

法式长棍面包，美味的象征

法式长棍面包来自奥地利宫廷的赞伯爵。他于 1838 年在巴黎收购了一家位于黎塞留街上的店铺，并将它改成面包店，出售用燕麦和牛奶做成的维也纳面包。现在的法式长棍面包随着新型烤炉的出现而诞生于 1890 年前后，它直接使用酵母，且在面包上划了一道道斜的缝纹。法式长棍面包的制作方法很简单：先用酵母一次发酵三个小时，不加任何酵母菌和发酵好的面团。这时的法棍还是极为普通的面包。在旺代的面包师约瑟夫·艾伯特（Joseph Albert）的领导下，使用了一种新技术加快了揉面的速度和持续时间，使得法式长棍面包终于变成一种肿胀无瑕的白面包。宝丽时 (Poolish)、雷托多 (Rétrodor)、激情 (Passion)、小篮 (Banette)、红标 (Label Rouge)：这些品牌都增加了制作过程来体现法式长棍面包的高贵。巴黎市每年都会评选出最好的法式长棍面包，并奖励其为爱丽舍宫供应一年。完美制作法式长棍面包，需要尽量少用手揉捏，进行长时间发酵，还需要很纯的面粉去做。普热朗家、德蒙特尔家、布阿沙家、拉罗家或者凯赛尔家面包房，都能将面包做得内部雪白绵软状，有不规则的小孔，表皮酥脆。让我们向他们脱帽致敬！

巴黎小酒馆的魅力

我们还要补充的是，巴黎的荣耀还在它的小酒馆和啤酒店里，它们追随着层出不穷的菜肴和调料的食谱，提供着传统小资的菜肴。

丰满的小牛头肉、丰盛的火锅、美味的杂菜煮牛肉，还有更简单的鞑靼牛肉，用刀切好，佐以完美的调配，再配上美味的炸薯条。带着比利时光环的鞑靼牛肉，对科依斯基来说，却是“属于巴黎天才的最为才华横溢的创作之一”。让我们相信这位美食界的王子（他在1927年被他的同龄人选为美食王子，而这一称号没有任何继任者……），他坚持不懈地惠顾首都有着各色美味的餐厅，并最终将他的铭牌贴在了其中80多家餐厅的荣誉墙上。在这里向他致敬！

◎ 巴黎最漂亮的小酒馆？或者最精致的小酒馆？或者最有一番风味的？或者最典型的？这家小酒馆的百年庆典上，迎来了科勒斯基，也就是“科勒王子”，又名莫里斯·埃德蒙·塞兰。他坐在酒馆红天鹅绒座椅上，同时这里也迎接过莫里斯·瑞姆斯、让·德·奥尔梅森、让－富朗索瓦·雷瓦尔、贝尔纳·皮沃以及其他人。简而言之，贝努瓦酒馆始终是贝努瓦酒馆，有着宽敞的客厅，被聪明的阿兰·杜卡斯接手，重新进行了精心粉刷，成为杜卡斯巴黎帝国的核心之一。

奶油水芹汤

雅尼克·亚兰诺
巴黎土壤餐厅

10 人份

4 捆水芹菜，300g 菠菜，1.5L 液体奶油，350g 维尔坦牌浓稠奶油，250g 黄油，250g 蜂蜜面包，1L 白色鸡高汤，精盐

将水芹菜和菠菜去梗，并在加入少量醋的凉水里清洗。

将其全部分开放入热盐水中煮沸。

放入冰水中快速冷却，挤压、沥干多余的水分。

向平底锅里倒入液体奶油和鸡汤并煮沸，然后加入水芹菜和菠菜。加盐和胡椒调味。

将全部食材倒入搅拌碗里混合。

根据个人口味调整调料，迅速冷却，保持绿色。

准备酥壳面包块，制作黄油炼乳。将蜂蜜面包块放入黄油炼乳中，待面包块裹上均匀的金黄色后取出。在纸巾上沥干，再在面包块上撒盐。

用维尔坦浓稠奶油将蛋糕模子填满。

将水芹菜浓汁快速煮沸，倒入热碗里。

分别用两个小模子盛上酥壳面包块和维尔坦奶油。

创美工厂 | 壹品 新奇有趣

出品人：许　永
责任编辑：许宗华
特邀编辑：黎福安
责任校对：雷存卿
装帧设计：海　云
内文排版：万　雪
印装总监：蒋　波
发行总监：田峰峥

投稿信箱：cmsdbj@163.com
发　　行：北京创美汇品图书有限公司
发行热线：010-59799930

创美工厂
微信公众平台

创美工厂
官方微博